中学生趣味数学史

[韩] 金利娜（김리나）著

徐丽虹 译

从数字到图形

北京时代华文书局

图书在版编目（CIP）数据

中学生趣味数学史. 从数字到图形 /（韩）金利娜著；徐丽虹译. — 北京：
北京时代华文书局，2023.7
　　ISBN 978-7-5699-4994-0

　Ⅰ. ① 中…　Ⅱ. ① 金… ② 徐…　Ⅲ. ① 数学史－世界－青少年读物
Ⅳ. ① O11-49

中国国家版本馆 CIP 数据核字（2023）第 134530 号

北京市版权局著作权合同登记号　　图字：01-2021-7596 号

拼音书名 | ZHONGXUESHENG QUWEI SHUXUE SHI　CONG SHUZI DAO TUXING

出 版 人 | 陈　涛
选题策划 | 余荣才
责任编辑 | 余荣才
责任校对 | 初海龙
装帧设计 | 孙丽莉　赵芝英
责任印制 | 訾　敬

出版发行 | 北京时代华文书局 http://www.bjsdsj.com.cn
　　　　　北京市东城区安定门外大街 138 号皇城国际大厦 A 座 8 层
　　　　　邮编：100011　电话：010-64263661　64261528
印　　刷 | 北京毅峰迅捷印刷有限公司　　010-89581657
　　　　　（如发现印装质量问题，请与印刷厂联系调换）
开　　本 | 880 mm×1230 mm　1/32　印　张 | 5.75　字　数 | 133 千字
版　　次 | 2023 年 9 月第 1 版　　　　　印　次 | 2023 年 9 月第 1 次印刷
成品尺寸 | 145 mm×210 mm
定　　价 | 38.00 元

版权所有，侵权必究

让学习数学变得有趣

同学们在学习数学时，经常会问以下两个问题：

"为什么要学数学？"

"学好数学有什么意义？"

本书将带领同学们从历史中寻找这两个问题的答案。

为什么要学数学？

如果你问那些觉得"数学很难学"的学生，学数学辛苦的原因，他们中的大部分人都会回答"真的不明白，为什么要学数学"。这大概是因为他们认为方程式、函数、曲线等数学概念，不仅理解起来很难，而且辛辛苦苦地学完之后，在日常生活中也派不上用场。

实际上，数学的概念、原理、法则等，都跟我们生活的这个世界密切相关，而且所有的数学概念的形成、数学原理和法则等在被发现时，都有它的历史性、数学性、科学性的背景。我们之所以不知道为什么要学数学，是因为我们不理解数学概念的形成，以及数学原理和法则被发现的背景，而只是学习前人已取得的数学成果。数学可以被用来解决生活中遇到的各种问题，例如如何预防传染病、如何取得战争的胜利、如何理解宇宙万物等各式各样的问题。

数学概念的形成，以及数学原理和法则被发现的历史，从古代到中世纪再到近代，一直延续到我们当今社会。在历史的长河中，数学是怎么发展的？它又给社会带来了何种变化？本书将一一说明。在这个过程中形成的数学概念，后来是如何扩充并发展到现在的？本书也会进行补充说明。通过本书，我们能知道数学概念是如何形成的，数学原理和法则是如何被发现的，以及数学给我们的生活带来的各种变化，进而就能理解学习数学的必要性。

学好数学有什么意义？

为了学好数学，我们必须理解数学的概念、原理、法则，等等。但是，在数学考试中取得满分的人，我们能说他数学学得好吗？世界上数学学得最好的人，就能解开最难的问题吗？

数学家们会灵活运用已有的数学概念、原理、法则来得到新的解题方法，或者提出新的概念、推出新发现的原理和法则。创造新的数学方法和提出新的数学概念的能力并不是通过背诵数学的定义和认真解答数学题就能培养出来的。我们的身边乃至我们的社会存在着哪些问题？如何从数学的角度来解决这些问题？这就需要我们拥有更为宽广的胸襟和视野了。因此，为了学好数学，不仅要理解数学的概念、原理、法则，还要了解我们生活中出现的社会现象和存在的问题。本书同时向大家介绍数学家们利用数学改变世界的过程。大家可以通过有趣的数学故事，理解学好数学的意义。

　　数学并不只有教科书上的符号和公式，还有历史和社会以及现实生活中我们赖以生存的重要原理。期待大家通过本书，能够对数学有新的认识，在探索和发现中体验到乐趣。

前　言

　　本书引领大家了解与人类文明一起诞生的数学世界：就区域来说，包括从公元前 4000 年到公元前 3000 年人类文明最初的几个发源地，以及建立了现代数学基础的欧洲；就人类文明来说，有尼罗河流域的古埃及文明、底格里斯河与幼发拉底河流域的美索不达米亚文明。我们以这些文明为中心进行介绍，同时介绍古希腊的一些遗址和其中蕴藏着的数学原理。

　　随着人群汇聚成社会，古代文明也随之开始了。数学是社会形成和得以维持的要素，比如统计自己拥有物品的个数、买卖物品、建房子或者制作马车、确认个人拥有的土地面积，等等。这些与人们生活息息相关的所有行为，都用到数学知识。

　　本书包含了古代文明中数学概念最初诞生和发展的过程。我们通过学习数学的发展过程，了解我们为什么需要数学，以及明白数学究竟有什么意义。

目 录

第 2 章 巴比伦数学

在巴比伦，为什么使用六十进制？

第 3 章 古埃及数学 1

在最古老的数学书上，到底记载了什么样的问题呢？

第4章 古埃及数学 2

藏于埃及文物中的数学原理是什么呢？

第 5 章 古希腊数学 1

古希腊数学与古埃及数学究竟有何不同呢?

第6章 古希腊数学2

欧几里得的数学书，为什么至今仍得到大家的认同？

第7章 古希腊数学 3

阿基米德是如何求解体积的呢?

第 1 章

数字的发展

数字是怎样被发明
出来的?

　　世界上，各个国家都有自己的语言和文字。如中国使用汉文，韩国使用韩文，美国使用英文。当数字诞生时，各个国家书写数字的方法是不一样的。如在古罗马，数字表示为"Ⅰ、Ⅱ、Ⅲ、Ⅳ……"，它们被称为罗马数字；在中国，数字表示为"一、二、三、四……"，它们被称为汉字。世界各个国家都有自己独特的数字表示方法。

　　神奇的是，现在无论在世界什么地方，虽然数字的读音各不相同，但我们都在书写着同样的阿拉伯数字1、2、3……为什么每个国家都有自己独特的语言和文字，却全都使用阿拉伯数字呢？阿拉伯数字又是如何产生的呢？

　　接下来，我们一起来了解数字是如何出现的，以及数字都经历了怎样的形态变化，包括如今全世界通用的阿拉伯数字。要想知道数字的发展，就得从人类的原始时代开始。现在，我们就去原始时代寻找最早的数字吧。

1. 人类最初使用的数字

原始时代是对有文字记录之前的那段人类历史的统称。根据当时人们使用的工具不同，原始时代主要分为以使用石头为主的石器时代、使用青铜器的青铜时代和使用铁器的铁器时代。

在石器时代，人们主要利用石头来制作工具。根据人们的生活方式，石器时代又被划分为旧石器时代和新石器时代①。旧石器时代指的是距今 300 万年到 1 万年的那段时期。那段时期的人们还住在洞穴里，以从洞穴周围捕获的动物或者采摘的果实为食，过着狩猎和采集的生活。如果洞穴周围没有足够的食物，他们就会向更远处搜寻，直至找到食物丰富的地方。虽然旧石器时代人们还不擅长口头语言表达，缺乏文字交流，但是可以推测的是，像"多""少"和"增多""减少"这样简单的有关数量变化的直觉，他们还是有的。所以，当食物快耗尽的时候，他们就会为寻找新的食物而转移到其他地方。

---

① 旧石器时代，使用的工具是打制石器，主要用来剥掉动物的皮或者打磨树木。新石器时代，从打制石器进化到使用摩擦石头制成的磨制石器。磨制石器很锋利，也精巧很多。另外，人们在耕作的同时，还使用了储存粮食的陶器和将谷物去皮或磨粉的磨石、磨板等工具。

经过很长一段时间后，人们懂得了使用工具进行耕作的方法，也意识到，比起每次出门狩猎，饲养家畜是更有效的。于是，人们出于有利于种植和畜牧的需要，逐渐定居在容易获得饮用水的江河周围。这个时期被称为新石器时代，是距今八九千年的时期。

随着社会发展，人们常年聚集在一个地方生活，逐渐产生了对数字的需求。比如，在饲养牲畜时，需要知道自家的牲畜有几头（只）；在与其他部落打斗时，需要知道自己和对方的人数各有多少，以明确自己拥有多少人才会具有优势。

现在，我们可以用简单的 1、2、3 来计算，但是原始时代的人并不知道书写数字的方法，而且那时候也没有纸和笔。所以原始时代的人只能通过简单的一比一对应来表示数量。所谓的一比一对应，就是用一块石头或者一根树枝来表示一个实物，比如有多少只羊，就用多少块石头或者多少根树枝来表示它们的数量。

但是，用石头或树枝来表示数量的做法实际操作起来并不简便易行。因为石头或树枝很常见且不易与周边事物区分开来，也很难长期保存。因此，原始时代的人们需要思考另外的方法，以便长期保存数字记录。

2. 动物骨骼上的刻痕

1950 年，在非洲刚果（当时为比利时殖民地）的爱华德湖附近的伊尚戈地区，人们发现了古老的动物骨骼，并称它为"伊尚戈骨头"。在这块骨骼上，有使用尖锐工具刻出来的痕迹。它让世人知道了原始时代的人在骨骼上刻痕计数的事实。在世界很多地方都有发现与此类似的有刻痕的动物骨骼的相关记载。

伊尚戈骨头

它是在刚果的伊尚戈被发现的，所以被称作"伊尚戈骨头"。上面的刻痕表示数量，如有 19 个刻痕就表示数量为 19。

3. 手指数字

采用一比一记录的方式几乎无法表示大的数字。比如，要表示数字 1000，就需要在动物的骨骼上刻 1000 道痕迹。我们想象一下，这样刻着刻着就会记不清已经刻了多少，然后就得从头再来，以致做了很多无用功。

此外，在原始时代，人们还发明了用手指表示数字的方法。通常我们能看到，不会读也不会写数字的小孩子在数 1 到 10 的时候，会将手指一根根屈起来或者伸展开来。原始时代的人或许也是从这种方法中得到灵感的，他们根据手指屈伸的样子，制作了各种表示数字的符号。

在原始时代，人们还根据手指的形状来表示各个数字。其中用左手来表示 1 和 10 的倍数的数字，用右手来表示 100 和 1000 的倍数的大数字。（如下页图所示）

但是，无论是刻痕还是手指，要用来进行加减计算都有很多困难，要长久地保留记录也是不可能的。原始时代的人为了解决这些不方便的问题，又不断地寻找并发展其他数字表示法。其结果就是，后来诞生的许多国家都拥有了各自的数字体系。比如，印加人就曾通过在有颜色的线上打结来表示数字。

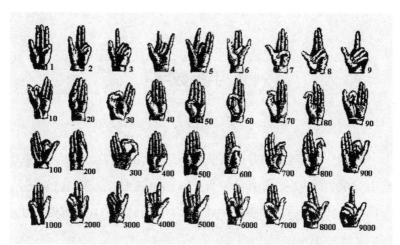

表示数字的手指样式

利用手指可做出与图片相同的样式，用来表示 1 到 1000 的倍数的数字。

4. 印加人用绳结表示数字

从 15 世纪到 16 世纪初，印加帝国开始以南美洲安第斯山脉沿线的秘鲁为政治和文化中心，在如今的阿根廷、玻利维亚、智利、厄瓜多尔等地区蓬勃发展。性格平和的印加人创造并使用一种叫"克丘亚语"（Quechua）的语言，利用发达的道路交通建立了庞大的帝国。印加帝国曾拥有出色的熔解黄金精加工的技术，首都库斯科也被誉为"黄金之都"。

印加人虽然拥有很多黄金和修建完好的道路，但是从未想过制造马车或者带轮子的交通工具。他们如果想把消息传到很远的地方，就会像现代运动会上的接力赛跑一样，跑着去送信。

印加人虽然有语言，但是没有文字。所以，他们需要寻找可以准确地保存记录的方法。他们找到的方法就是，在有颜色的绳子上通过打结来表示记录，从而产生一种名叫"奇普"（quipu）的结绳文字[①]。

印加人用羊毛或棉花制成约 1 米长的粗绳，再在这条粗绳上

---

① 结绳文字是指在绳子或者类似带子的东西上面打结，以此作为文字。结绳的方法在古代中国、非洲等地也使用过。

系上多根绳子，然后在这些系在粗绳上的绳子上面分别编织带颜色的线，依次用来记录数字和各种信息。这样用来记事的汇集在一起的绳子构成的物件，就叫奇普。在奇普上，还利用编织出的绳结的大小来表示数字的大小，绳结越大就表示数字越大。念数字时，从最上面有颜色的绳子开始，一直往下念。举个例子，如果一根绳子上从上到下依次有表示数字 5、2、2、3 的绳结，那么它表示的数就是 5223。

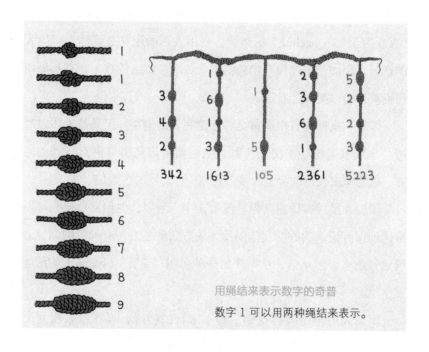

用绳结来表示数字的奇普
数字 1 可以用两种绳结来表示。

除此之外的信息，根据绳子的颜色、长度和位置的不同来表示。比如，红色代表军队，黄色、绿色、白色分别代表金、银、谷物。

但是，像这样用绳子来表示数字和文字，对印加人来说也是一件很难的事情。因此，只有在印加帝国首都库斯科的学校接受过训练的专家，才会制作奇普。奇普非常精巧，也非常复杂，即使是现在的密码破解专家和数学家，也不能完全解读出其中的含义。

各种样式的奇普

印加人利用奇普绳结的颜色或样子等记录基本的数字，还记录各种各样的信息。右图为留存下来的 17 世纪画作中的奇普的样子。

5. 计数法的使用

随着部落规模日趋扩大，社会活动日趋复杂多样，人类对数字的书写方法的关注度也日趋提高。很明显，每次做生意或者进行数量计算时，在动物骨骼上刻痕或者在有色的绳子上打结实在是太不方便了。

于是，人们开始创造相对方便的组数字，并以它为基数来计数，比如，规定一根棍子代表一个物品，棍子如果满 10 根，就用 "*" 来标记。虽然写上 10 会更方便，但是这个时期还没有我们现在使用的 1、2、3……这样的阿拉伯数字。阿拉伯数字被普遍使用是在公元 1400 年左右。

那么，在以组数字为基数来计数的时代，该怎样对 26 只羊进行计数呢？如果用手指来计数，就需要 26 根手指。当时，人们的计数方法是：用 10 根手指即 "*" 表示 10 只羊，用两个 "*" 表示 20 只羊，剩下的 6 只羊，用 6 根棍子（每根长度与手指长度差不多）来表示。（如下页图所示）

在这个过程中，用到的最基础的数量单位是什么呢？它就是 10。因为每 10 个数量就用 1 个 "*" 来表示，所以 10 就成为最基础的数字，称作基数。人的双手合在一起有 10 根手指，常用来表示基数为 10。

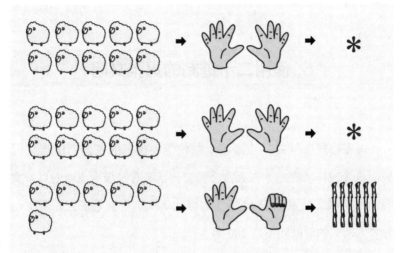

就这样，我们使用的数字，如实地反映了数字的形成过程，有了 1、2、3……10 和一、二、三……十这样单独的名字。并且从 11 开始，就出现了像十一、十二、十三……一样的表示方式。十一包含 10 和 1，十二包含 10 和 2……以此类推，从 20 开始，不加说明也能知道其表示什么意思。

当然，在原始时代并不是所有人都以 10 为基数，也有以一只手的手指数 5 为基数的；有时，人们也会用 2、3、4、6 等各种数字来作为基数。

我们也能找到以 20 为基数的使用痕迹，大致可以推测出，20 这个基数来自手指和脚趾加起来的数量。在使用二十进制的古人中，最突出的就是玛雅人。玛雅人创造的文化虽然基本消失，现在只剩下一些遗迹和遗物，但它们也曾在历史上绽放出灿烂的光芒。

6. 使用二十进制的玛雅文明

玛雅帝国（阿兹特克帝国）是位于中美洲的王国，16世纪时被西班牙侵略者灭亡，在灭亡之前曾传承了有过极高成就的玛雅文明。但玛雅文明直到1842年才为世人所知。也就是说，玛雅文明为今人所知的时间还不到200年。

玛雅文明最初被展示给世人时，人们并不相信它。因为历史上伟大的文明都是以江河为中心发展起来的，而玛雅文明则诞生于葱郁的密林地带。还有一个令人难以置信的事实是：玛雅金字塔的建造年代比埃及金字塔的建造年代要早得多。

随着历史学家们不分昼夜地探索和发掘玛雅遗迹，沉睡已久的玛雅文明逐渐伴随着文物的出土而呈现于世人面前。在中美洲地区，迄今仍有很多文物不断地被发掘出来。

玛雅文明被认为是世界上令人惊叹的文明之一，因遭受西班牙侵略而消亡，同时，很多建筑物和文物都被损毁了。更为甚者，大部分玛雅人被西班牙军队杀害，他们的书籍也被焚毁殆尽。侵略者只信奉自己的宗教，不认可玛雅人信奉的宗教。

值得庆幸的是，玛雅人保持着迁徙的习惯。他们在某座城市生活过一段时间后，就会放弃继续在这座城市生活而迁徙到另一个地

方，并重新建造新的城市。至于他们为什么要一直搬来搬去，在后
文再做说明。总之，正是由于玛雅人的这种生活习性，那些被西班

蒂卡尔金字塔

这座金字塔是为观测天体及其运行时间而建造的。玛雅人在每个城市都建造了
不同形状的金字塔。

牙军队占领之前建立的城市得以保存至今。所以，今天我们还可以在多处见到玛雅文明的遗迹。

在发掘玛雅遗址时，人们发现了 4 本写有玛雅文字和数字的书。起初，没有一个人能读懂这些书。那些很久以前就消失了的玛雅文字看起来就像一个个暗号。

但令人惊讶的是，最终解读出玛雅文字的人竟是一名 9 岁的小孩，他叫戴维·斯图尔特（David Stuart），时间是 1975 年。当时，戴维跟着在挖掘队工作的爸爸一道来到挖掘现场。爸爸递给他一块写有玛雅文字的石头，并开玩笑地让他解读石块上的文字是什么意

玛雅石碑上的象形文字

收藏于墨西哥博物馆的玛雅石碑，人们于 1970—1980 年开始对其上面的文字展开积极的解读工作，现在几乎所有玛雅文字的意思已被解读出来了。

思。很显然，爸爸认为戴维是不可能解读出来的。

但是，没过多久，戴维便拿着石头过来解读道："683 年，蛇豹王登基。"在场的人被吓了一跳。

后来，戴维在 12 岁时发表了自己的第一篇论文。他毕业于普林斯顿大学，目前在得克萨斯大学研究玛雅文明。在包括戴维在内的众多历史学家的共同努力下，有关玛雅文明的惊人秘密逐渐浮出水面。

玛雅文明最突出的成就是在数学和天文学方面。如前面所说，玛雅人使用二十进制计数法就已经很优秀了，但是，他们还是第一个使用 0 的群体。这一点就更令人惊讶了。即使是损毁玛雅文明的西班牙及其他西方国家，到 16 世纪末都还没有确立 0 的概念，直到阿拉伯数字传入后，0 才被众人所知。因此，在原始热带雨林文明中，0 被发明和使用，是一件很了不起的事情。

接下来，我们正式了解一下玛雅数字吧。

在玛雅数字中，1 是用 ● 来表示的，5 是用 —— 来表示的，0 是用 ◯ 来表示的。用玛雅数字表示 1 到 25 的数字，如下页表中所示。

我们仔细观察一下表中从 1 到 20 的数字。因为玛雅数字采用二十进制计数法，所以写到 19 之后，从 20 开始又使用了表示 1 的 ●。如果只使用点来表示，就很难区分 1 和 20，于是就在点的下面放上 ◯ 作为区分。它与我们现在使用的 0 稍微有点不同：我们现在使用的 0 还起到占位的作用；而在玛雅数字中，0 单纯就是表示"没有"的意思。

由此可见，比起在动物骨骼上刻痕或者编织绳结的方法，玛雅人表示数字的方法更加简便。这就可以进行多样化的计算。玛雅人以这样的数字体系为基础，不单单数学，就连观测天上星象的天文学也得到了发展。

玛雅数字

玛雅人将一年按 365.2420 天来计算，这与今天得出的一年为 365.2422 天相比较，并没有很大的差异。虽然大部分人都知道一年为 365 天，但这并不是最精确的数字。因为日常生活中很难表示 0.2422 天（约 6 小时）的间隔，所以才把一年定为 365 天。然后，当多出来的 0.2422 天在后续的年份里累积到差不多 1 天时，就在这一年里增加 1 天。这样累积增加 1 天需要 4 年，即每 4 年增加 1 天。这就是每隔 4 年会有一个 2 月 29 日的原因。玛雅人计算出一年有 365.2420 天，依据的是地球绕太阳一周的时间。他们以精准的天文观察和准确的计算为基础，得出了一年的时间长度，又以此为基础制作并使用了日历。

　　玛雅日历和现在的日历有着完全不同的形态。玛雅日历由圆圈外侧的 20 个图和圆圈内的 13 个符号组合而成，共有 260 种组合。玛雅人称其日历为"卓尔金"（tzolkin）。260 天意味着这些日子是天神主宰世界的神圣日子。

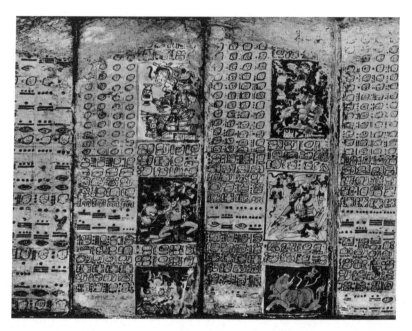

玛雅日历《德雷斯顿抄本》

作为玛雅 4 部抄本①之一，人们可以从中确认玛雅的文字和数字。该抄本现存于德国萨克森州立图书馆。

_____

　　①　现存世抄本为 3 部。

但是，玛雅人在实际生活中使用的是名为"哈布"（haab）的日历，其中用 19 幅图来表示 19 个月。玛雅人认为 1 个月是 20 天，所以用 360 天来计算就是 18 个月。然后，他们再把剩余的 5 天构成 1 个月。这样一来，1 年被定为 19 个月，一共有 365 天，并在实际生活中得到应用。

卓尔金历（左图）和哈布历（右图）

玛雅人将具有宗教性质的卓尔金历和代表太阳历的哈布历放在一起使用。

卓尔金历和哈布历都是从 1 月 1 日开始的，但是由于卓尔金历的天数更少，这就导致两个日历上的新年第一天常常不一样。事实上，接下来两个日历也有同时始于 1 月 1 日的时候。只要计算出

260 和 365 的最小公倍数 ① 就可以得出两者下一个同时始于 1 月 1 日的年份。我们计算一下就可以得出，在经过 18,980 天后，这两个日历就会同时始于 1 月 1 日。以玛雅人实际使用的哈布历来计算，18,980 天为 52 年。

玛雅人相信，每隔 52 年世界就会灭亡。为此，他们每隔 52 年就会放弃曾经生活过的城市，去其他地方另建新的城市。玛雅人拥有卓越的建筑技术，拥有只属于自己的信仰。他们辛苦地建造新的城市，也就让今天的我们有机会看到没有被破坏的玛雅文明。

经历了使用二十进制的玛雅文明、使用六十进制的巴比伦文明和使用十进制的古埃及文明，以及古罗马文明，等等，数字体系得以不断发展。巴比伦人、古埃及人、古罗马人和古希腊人不仅仅建立了数字体系，还成就了如今我们学习的数学基础。

---

① 6、12、18……是 2 的倍数，也是 3 的倍数。像这样 2 和 3 的共同倍数称作公倍数，在这之中最小的倍数，称为最小公倍数。

7. 惊人的发明——阿拉伯数字

阿拉伯数字——就是我们现在使用的数字，是由古印度人发明的，经由阿拉伯人传播到欧洲。人们以为是阿拉伯人发明的，因此称其为阿拉伯数字。

如今，人们可以在大约为公元前 250 年古印度阿育王时代建造的石柱上找到使用阿拉伯数字的最早痕迹。从 825 年波斯的阿尔–花剌子模（Al-Khwarizmi，约 780—约 850）撰写的介绍古印度数字体系的著作也可以推测出，在 9 世纪之前，古印度就已经在使用阿拉伯数字了。

虽然不能准确地知道阿拉伯数字最初是什么时候及如何在欧洲传播的，但是人们普遍认为，是通过从事贸易或者旅行的人传播到欧洲的。到了 14 世纪，随着阿尔–花剌子模的著作被翻译成拉丁文，阿拉伯数字也就更广泛地为欧洲人所知了。

使用 1～9 中的数字和 0 来表示所有的数字，可以说是人类历史上一项十分伟大的发明。想象一下，如果用前面看到的那些复杂的方法进行加减乘除四则运算，比起运算本身，对数字的表达难度更大。

庆幸的是，随着阿拉伯数字被使用，我们不仅可以进行四则运算，还可以进行十分复杂的计算。古印度人发明的这一惊人的数字体系，让如今全世界的青少年学习数学更加容易了。

8. 神圣的井

海因里希·施里曼（Heinrich Schliemann，1822—1890）因发掘特洛伊古迹而闻名于世。西班牙人入侵玛雅后，迪亚哥·德·兰达主教编写了一部关于玛雅文明的编年史书《尤卡坦纪事》。该书第一章中记录了玛雅的一口"神圣的井"（Cenote Sagrado）。起初，大多数人认为它只是一个传说，但爱德华·赫伯特·汤普森（Edward Herbert Thompson，1856—1935）相信它，他称迪亚哥·德·兰达主教为"玛雅的施里曼"，并于 1885 年亲自前往尤卡坦地区，寻找玛雅的"神圣的井"。

当有干旱或者灾难发生时，祭司就会挑选美丽的姑娘。在祭奠了水中的神之后，祭司就会将这些姑娘拉到井边。这些佩戴各种首饰的玛雅少女，意识到自己的使命，以严肃的心情走向圣地。当她们被扔进井里时，哀痛的尖叫声长长地回响着。祭司把玛雅人使用过的零碎物件也扔进井中。如果玛雅人有很多黄金，那么大部分也会被扔进这口井中。

汤普森以迪亚哥·德·兰达主教写的这篇文章为依据，在玛雅的金字塔附近开始寻找。不久，他在玛雅的金字塔上发现了前往"神圣的井"的道路。最终，他找到了这口井，并开始动用机械挖井。虽然人们都指指点点，认为他疯了，但是他毫不理会。

位于墨西哥的"神圣的井"（献祭的井）

几天后，一些首饰、罐子、碗、碟等文物开始从井里被挖出来。在挖出大量的文物后，为了更仔细地查看机械到达不了的间隙或角落，汤普森穿上潜水服亲自下到井里。他在既阴暗又发臭的井底发现了很多头骨，全都是女孩的头骨——由此，大家都知道了"神圣的井"这个传说是真实的。

过了很长一段时间，汤普森又发现了一个男子的头骨。经调查后发现，那是一个老人的头盖骨。那么，他是不是当时在世的祭司？他是不是对自己将众多女孩作为祭品引向死亡而感到愧疚，并抱着赎罪的心态投身于井中的呢？

第 2 章

巴比伦数学

在巴比伦，为什么
使用六十进制？

地球

听说过《圣经》中的巴别塔吗？

据说，早期的巴比伦人过于相信自己的能力，认为自己比神更出色。于是，他们决定建造一座能触及天际的高塔，即巴别塔。

但是，神对这些人感到厌恶，就对正在建塔的人进行了惩罚。于是，巴比伦人突然间使用不同的语言说话，彼此听不懂。最终，他们还没完成塔的建造就四散分离了。

虽然我们不知道这个传说是否真实，但是在巴比伦时期，巴别塔是真实存在的。当时，并没有把石头吊到高处的大型机械设备，也没有能准确计算石头大小的测量器具。那么，他们是如何设计并建造这座触及天际的高塔的呢？

令人惊讶的是，那时的人只运用数学计算来设计建筑。很难相信吧。接下来，我们就前往世界四大文明发源地之一的巴比伦，用一次数学旅行来证实这件事吧。

1. 世界四大文明的发展

如果我们回到原始时代进行耕种，那么选择什么样的地方比较好呢？因为原始时代没有灌溉设施，所以选择的地方，首先必须是容易取水的江河边或者湖边；其次，比起非常寒冷或者炎热的地方，必须是处于两者之间比较温暖的地方；再次，为了让农业取得更好的收成，必须是土壤肥沃的地方。

原始时代，人们为寻找这样的地方而不断迁徙。一旦寻找到这样的地方，他们就定居下来，渐渐聚集成村落，并建立起社会组织，创造他们的文明。这样的地方当然包括了人类历史上最早的四大文明发源地，即黄河流域、美索不达米亚两河流域、印度河流域和埃及尼罗河流域。

虽然现在的埃及大部分地方都是少雨的沙漠，但是在公元前5000 年到公元前 3000 年，那里的气候和现在有很大的不同。一直到公元前 2000 年，四大文明发源地都诞生了发达的古国。古国的人主要从事农业和畜牧业，因而一旦发生江河泛滥，怎么管理土地、分配物产就变得非常重要。这时的数学，就像农业和建筑一样，是以实际生活需要为中心而发展着的。

以中国的禹王为例，在尧、舜奠定国家基础后，天下安定，百姓安居乐业。当时，人们面临的一个主要问题是，中原地区因洪水泛滥造成水患灾害。为此，禹竭尽全力研究治水之策，通过规划、疏浚河道等方式最终治水成功。因治水有功，他被推举为王，成为中国夏朝的第一代君王。

在世界四大文明中，保留至今与数学有关的文物或记录，很多是在埃及和巴比伦地区出土的。创造了美索不达米亚文明的巴比伦人，使用能够长期保存的泥板来记录文字。古埃及人还使用在尼罗河畔常见的纸草来制作纸张，并留下了记录。这些记录至今仍保存完好。缘于此，今天我们仍能够学到源自古埃及和美索不达米亚地区的古代知识。在古代相当长时间内，中国人和印度人都是在树皮或者竹片等写起来比较方便的材料上书写和做记录的，只是这些材料能传到现在的不多见。

巴比伦位于幼发拉底河与底格里斯河的下游地区。接下来，我们来仔细了解一下巴比伦的数学吧。

2. 巴比伦的楔形文字

　　巴比伦位于亚洲伊朗高原西南一带，即伊朗高原西南部的扎格罗斯山脉与叙利亚高原之间的美索不达米亚平原上，底格里斯河与幼发拉底河流经其境内。这里水源丰富，土地肥沃，十分有利于农业劳作。巴比伦人利用底格里斯河与幼发拉底河并借助太阳能发展农业和畜牧业，由此产生了古老的美索不达米亚文明。

　　19 世纪，考古学家们在美索不达米亚地区发现了约 50 万块泥板。这些泥板大小不一，从手掌大的到比书还大的，均有发现，上面都刻有巴比伦文字。它们都是巴比伦人用黏土烧制成的，用来当作纸张使用。制作它们的方法是：把黏土薄薄地铺平，再用类似芦苇秆那样的工具在上面刻字，然后将泥板放到阳光下晒干或者放到火上烤干。不过，泥板使用起来很麻烦，携带也很不方便，再加上巴比伦文字很复杂，因而，当时通常只是有学识的书记官使用它们，在上面书写文字和读取上面的文字。

　　泥板上写着的巴比伦文字，又叫楔子文字或者楔形文字。起初，泥板被挖掘出来时，没有人能理解上面的文字。直到 1846 年，英国的外交官兼亚述学研究者罗林森（Rawlinson，1810—1895）才首次解读出该文字。

刻有楔形文字的泥板

这是公元前 2050 年左右制成的泥板，在美索不达米亚南部被后人发现。

随着巴比伦泥板上的内容被公开，巴比伦人生活的轮廓也逐渐清晰地呈现在现代人面前，巴比伦历史也开始被现代人了解。当然，对于泥板的解读，目前还在持续研究中，也许不久之后研究者会有新的惊人的发现，我们且拭目以待吧。

3. 巴比伦数字

迄今为止，在已经发现的 50 万块泥板中，写有与数学相关的表格和问题的泥板（数学泥板）大约有 300 块。现如今关于巴比伦数学的知识，人们就是通过解读这些泥板上的内容获得的。

人们从数学泥板中可知，巴比伦人使用了相当高水准的计算法，而六十进制表示法这个数学体系在他们之前就已被创造和使用了。关于进制，在前面有关玛雅数字的文章里已经介绍过了。六十进制表示法是指，创造从 1 到 59 的数字，每 60 个作为计数基数，用独特的符号来表示数字的方法。

在使用六十进制表示法的巴比伦，表示 1 的符号是 ▼，表示 10 的符号是 ◀，巴比伦人就是用这样的符号创造了从 1 到 59 的数字。到数字 60 时会再次以 ▼ 的符号表示，由此数字 1 和 60 非常容易混淆。那么，用这个方法来表示 100, 000 的话，该如何表示呢？这恐怕得刻上很多楔形文字吧。因为 1 和 60 非常容易混淆，所以巴比伦人想出了用 1 到 59 的数字来表示大数的方法。有关其表示方法，我们还是更详细地了解一下吧。

如今，我们使用数字 0 到 9 就能把所有的数都表示出来。只是对于多位数来说，同一个数字处在不同的位数上，其代表的大小不

巴比伦数字

一样。例如，数 3333，虽然是由相同的数字 3 排列组成，但是根据所在位数的不同，每个 3 代表的大小不同，分别是 3000、300、30和 3。类似这种相同数字的排列，根据位数不同，表达不同数值的计数体系叫作进位制表示法。

　　下面，我们试着用巴比伦数字书写一下很大的数吧。此时需要注意的是，不要将其与我们现在使用的十进制混淆，巴比伦数字是每到 60 就变换位数的，请不要忘记这一事实。例如，对于424, 000 这个数，如果用现在的数字体系来表示，计数过程如下页上图所示。

	4	2	4	0	0	0
十进制计数法	十万位	万位	千位	百位	十位	个位
	$10 \times 10 \times 10 \times 10 \times 10$	$10 \times 10 \times 10 \times 10$	$10 \times 10 \times 10$	10×10	10	1
实际表示的数	$4 \times 10 \times 10 \times 10 \times 10 \times 10$ $= 400,000$	$2 \times 10 \times 10 \times 10 \times 10$ $= 20,000$	$4 \times 10 \times 10 \times 10$ $= 4,000$	$0 \times 10 \times 10$ $= 0$	0×10 $= 0$	0×1 $= 0$
	$400,000 + 20,000 + 4,000 + 0 + 0 + 0 = 424,000$					

如果用巴比伦数字来表示 424,000，其计数过程如下图所示。

巴比伦数字	 1	 57	 46	 40
六十进制表示法	216,000 进位 $60 \times 60 \times 60$	3,600 进位 60×60	60 进位 60	1 进位 1
实际表示的数	$1 \times 60 \times 60 \times 60$ $= 216,000$	$57 \times 60 \times 60$ $= 205,200$	46×60 $= 2,760$	40×1 $= 40$
	$216,000 + 205,200 + 2,760 + 40 = 424,000$			

　　这种计数法，仅仅是看着都觉得复杂。写一个数，需要将加法、乘法全都用上，在巴比伦大概也只有脑瓜聪明的人才写得出吧。

　　据说，由于一些数相当复杂，因而还存在专门用于解答数学题时做参考的数学泥板。在这样的泥板中，不仅有事先计算好的乘法表，还有平方表、立方表和指数表。单看这一点，就可以知道巴比伦人的数学水平是相当高的。

4. 隐藏在钟表中的六十进制

　　巴比伦人为什么要以 60 作为计数的基数呢？如果用单手的手指数 5 或者双手的手指数 10 来作为基数，就不需要复杂的乘法表了。

　　据说，那时因为除法不发达，在分配物品时存在很多困难，所以巴比伦人就以 60 为基数。如果以 10 为基数，那么能够整除的约数也就是 2 和 5，而 60 是可以被 2、3、4、5、6、10、12、15、20、30 整除的。就这样，因为 60 比 10 拥有更多的因数，用 60 作分母比用 10 作分母更容易约分，表示分数更容易，所以巴比伦人使用六十进制表示法。

　　如果不太能理解巴比伦人的六十进制，就看看同样使用六十进制的钟表，理解起来就容易多了。60 秒等于 1 分钟，60 分钟等于 1 小时（60 分钟 = 3600 秒）。可见，巴比伦人使用的六十进制计数法，至今我们仍在使用。

5. 巴比伦英里和圆心角

另一个巴比伦六十进制表示法，至今我们在日常生活中仍能用到，它就是圆心角的夹角为 360°。至于为什么把圆心角定为 360°，虽然众说纷纭，但是其中奥托·诺伊格鲍尔（Otto Neugebauer，1899—1990）的观点是最有说服力的。

在巴比伦，有一个叫作"巴比伦英里"的单位。这个单位不仅用来表示距离，也用来表示时间。表示距离时，1 巴比伦英里大约为 10 千米；表示时间时，1 巴比伦英里大约为 2 小时，也就是当人们走完 1 巴比伦英里时大致所需要的时间。所以巴比伦人把一天定为 12 巴比伦英里。

但是，把一天定为 12 巴比伦英里后，巴比伦人发现应用起来非常不方便。因为当时还没有使用现在这样的分和秒，如果要定约会时间，就要以 1 巴比伦英里，也就是 2 小时为单位来明确。因此，将 12 巴比伦英里的时间再乘以 60 的因数 30，一天的时间就被分割成 360 个单位。

一天的时间是指地球自转一周所需要的时间。巴比伦人使用 360 个单位来表示一天，也就是地球自转一周所需的时间。此后，圆的角度也就被定为 360°。

6. 巴比伦人的勾股定理

迄今为止，我们了解到的巴比伦数学，都与上面讲到的一样，来自对泥板上的内容的解读。在这些泥板中，最有名的是"普林顿322 号"。这块泥板是哥伦比亚大学"普林顿收藏品"之一，因它的收藏编号为 322 号而得名。

遗憾的是，这块泥板左上侧文字完全脱落了，右侧也有瑕疵，致使一些字迹无法辨认。经调查发现，泥板左上侧碎裂处有用胶水

普林顿 322 号泥板

据推测，这块泥板是在公元前 1800 年至公元前 1600 年间制作的，在其文字中可以发现关于勾股定理成立时三条边长之间的关系的内容。

涂过的痕迹。这表明，刚开始发现这块泥板时，它并没有碎裂，是后来被人不小心碰碎了。为了补救，就被人涂上了胶水，只是碎片最终还是完全脱落了。要是能找到那些碎片，就能知道更多关于巴比伦数学的真实情况。这真的是一件令人惋惜的事。

根据普林顿 322 号泥板可知，在毕达哥拉斯（Pythagoras，前580 至前 570 之间—约前 500）出生前的一百年时间内，巴比伦人就已经了解并使用勾股定理了。勾股定理是指在任意直角三角形中，斜边长的平方总是等于两条直角边长的平方和。如右图，若斜边长为 c，其他两边长分别为 a 和 b，则 $a^2 + b^2 = c^2$，这个公式总是成立。在西方因为毕达哥拉斯首次证明了这个公式，所以勾股定理又被西方人称为毕达哥拉斯定理。

$$a^2 + b^2 = c^2$$

那么，巴比伦人是如何在毕达哥拉斯出生前就知道勾股定理的呢？巴比伦人有没有证明勾股定理，现代人无从得知，但是根据发掘出的泥板上的内容可知，巴比伦人不仅知道勾股定理的内容，而且也将其应用于实际生活中。另外，他们已经掌握了因式分解和求解一元二次方程的方法，还懂得使用圆周率[①]，求出的圆周率是 $3\frac{1}{8}$（ = 3.125），与现在已知的圆周率相差不是很大。

---

① 任何一个圆的周长与直径的比值都是一个恒定的值 3.141592……这个恒定的值就叫圆周率，用 π 来表示。

7. 巴比伦日历

　　与玛雅人一样，巴比伦人也从事农业生产，为了预测对农事影响非常大的季节变化，他们结合着使用了太阳历和太阴历。在太阳历中，1 个月为 29 天或 30 天，每月的第一天始于新月初升的这天晚上。因此，每天的开始时间是在日落时分。巴比伦人也将 1 年分为 12 个月，如果 12 个月的天数相加结果为 354 天，与 1 年实际天数不相符，他们就规定每隔 13 年有一个闰年，在这个闰年增加 1 个月，变成 13 个月。

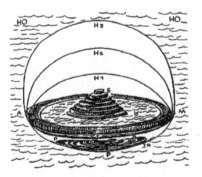

古人想象中的宇宙

左图是巴比伦人想象中的宇宙，右图是古印度人想象中的宇宙。

不过，知道如何计算 1 年长度的巴比伦人，虽然拥有惊人的科学技能，但仍然相信宇宙是由神创造的。以下是一则巴比伦神话。

马尔杜克神制服了造成原始混乱局面的怪物迪亚马特，并将她斩成两截：一截变成了地球，另一截变成了天空。

如今关于太阳、地球和月亮的知识非常丰富，但是在古代，有关宇宙的精确的知识几乎没有，人们往往用神话传说来描绘宇宙。

8. 证明勾股定理

如下图，以直角三角形 *ABC* 的三条边为边长，分别画出 3 个正方形。

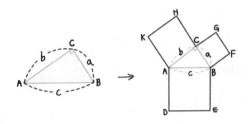

结果如右图所示。设 $AB=c$，则它的平方值 c^2 与□ *ADEB* 的面积（$c \times c$）相同。同样，三角形另外两边长度的平方（a^2、b^2）也分别与这两条边所在的正方形的面积相同。

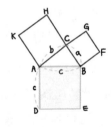

分别连接 *BK* 和 *CD*（如右图），在△ *KAB* 和 △ *CAD* 中，$AK=AC$，$AB=AD$，$\angle KAB= 90^{\circ} +\angle CAB$，$\angle CAD=90^{\circ} +\angle CAB$，则$\angle KAB= \angle CAD$。

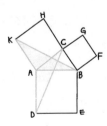

如果三角形两条边长度相同，该两条边夹角相等，则这两个三角形为全等三角形。由此，$\triangle KAB \cong \triangle CAD$。

对于□ $KACH$ 和 $\triangle KAB$，如果以 KA 为共同的底边，由于它们的高相同，则□ $KACH$ 面积（$KA \times AC = b \times b = b^2$）为 $\triangle KAB$ 面积（$\frac{1}{2} \times KA \times AC = \frac{1}{2} \times b \times b = \frac{1}{2}b^2$）的两倍，即 $S_{\square KACH} = 2S_{\triangle KAB}$。（如右图）

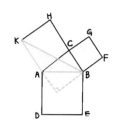

我们从 C 点到 DE 画一条垂线，它与 AB、DE 相交的点分别为 L 和 M。（如右图）

对于□ $LADM$ 和 $\triangle CAD$，如果以 AD 为共同的底边，由于它们的高相同，则□ $LADM$ 面积（$AD \times AL = c \times AL$）为 $\triangle CAD$

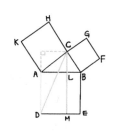

面积（$\frac{1}{2} \times AD \times AL = \frac{1}{2} \times c \times AL$）的两倍，即 $S_{\square LADM} = 2S_{\triangle CAD}$。

由上面的推算可知，□ $KACH$ 与□ $LADM$ 的面积相同，即 $S_{\square KACH} = S_{\square LADM} = b^2$。同理，可推算出□ $CBFG$ 与□ $LMEB$ 的面积相同，即 $S_{\square CBFG} = S_{\square LMEB} = a^2$。

如右图所示，因为□ $KACH$ 与□ $LADM$ 的面积相同，□ $CBFG$ 与□ $LMEB$ 的面积相同，所以 $S_{\square KACH} + S_{\square CBFG} = S_{\square LADM} + S_{\square LMEB} = S_{\square ADEB}$，即 $a^2 + b^2 = c^2$。至此，完成对勾股定理的证明。

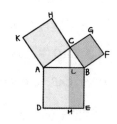

9. 消失在历史长河中的巴比伦

以肥沃的土地和地理优势为根基并创造灿烂文明的巴比伦王国，不断遭到垂涎此地的其他民族入侵。公元前 1595 年，约建立于公元前 1894 年的巴比伦第一王朝因遭到赫梯人（古叙利亚人）入侵而灭亡。

继赫梯人之后，巴比伦人相继受到加喜特人和亚述人的统治。公元前 626 年，他们推翻亚述帝国的统治，再次建立巴比伦王国。

曾是巴比伦王国首都的巴比伦

据说，巴比伦城墙长达 17 千米，宽达 7.6 米。

为了和巴比伦第一王朝区别开来，他们将新建立的王国称作新巴比伦。新巴比伦虽然为实现文化复兴做了很多努力，但是立国后不到1个世纪，于公元前539年就被波斯帝国灭亡了。

公元前482年，巴比伦人短暂恢复独立，但很快被镇压下去。在此过程中发生的战乱致使巴比伦大部分城楼和神殿被毁坏，最终连巴比伦文明的痕迹都湮灭在了历史的长河中。

第**3**章

古埃及数学 1

在最古老的数学书上，
到底记载了什么样的问题呢？

在世界四大文明发源地中，巴比伦和古埃及在地理位置上非常接近，两者合起来又被称为东方文明。其中，"东方"（Oriens）这个称谓来自古罗马人，他们将太阳升起的地方称作"东方"。

提起埃及，人们最先浮现在脑海中的是什么呢？或许就是尼罗河和金字塔。古埃及人相信，人死后灵魂不朽，所以建造金字塔作为国王的坟墓。为了使尸体不腐烂，他们将国王的尸体制成木乃伊。不仅如此，他们还研究出一系列可以长久保存器物的方法。得益于此，部分古埃及数学文物得以保存下来，今天的我们才能从中窥见古埃及数学的进步。

下面，我们就来探索一下曾在沙漠中建立起大帝国的古埃及的数学吧。

1. 沙漠中的大帝国——古埃及

大约在公元前3000年，非洲东北部诞生了世界四大文明之一的古埃及文明。与处在其他民族往来频繁之地、经常身陷战乱的巴比伦不同，古埃及王国的地理位置相对封闭，也没有遇到什么大的战争，所以其王权得以长久维持下来。

一般来说，只要谈及古代数学，人们常会更多地谈到古埃及，

埃及境内的尼罗河
被称为"埃及动脉"的尼罗河，沿线各处都留有巨大的神殿和金字塔等灿烂的文化遗产。

但实际上古埃及的数学并没有巴比伦数学发达。巴比伦位于众多商人往来的交通要冲，经济上比古埃及富裕，这给当地文化的发展带来了重要影响。相反，古埃及是一个几乎不与外部交流、相对封闭的国家。

再就是巴比伦境内的底格里斯河和幼发拉底河比古埃及境内的尼罗河带来的洪水泛滥更频繁，治理它们需要付出更多的努力。这也在某种程度上为数学发展提供了契机。之所以如今对古埃及历史和数学的研究更活跃，是因为遗留下来的古埃及资料比遗留下来的巴比伦资料更多。

古埃及人将死亡神圣化。人死后，他们用华丽的壁画和雕塑装饰死者墓室，同时将很多陪葬品与尸体一起埋葬。为了不让尸体和陪葬品粘连在一起，他们还研究了能让它们彼此妥善保存的各种方法。得益于这些方法和干燥的气候，大量的古埃及文献和文物得以保存至今，并成为人们深入研究的重要历史资料。

2. 尼罗河的祝福

古埃及人在尼罗河沿岸进行农业耕种，不断繁衍，最终建立国家。他们经常使用"尼罗河的祝福"来表达自己的祝愿。因为尼罗河不仅让他们获取了干净的水，还使数学和国家都得以蓬勃发展。

每年6月，因频繁降雨，尼罗河的河水会暴涨，而到了9月，河水会骤减，这样的情况年复一年地发生。但是，就整体来说，河水暴涨带来的并不全是损失，因为上游地区含有丰富营养的土壤被冲

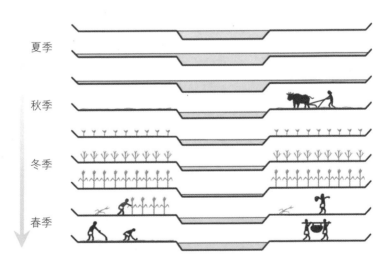

尼罗河的变化和农业生产的关系

到了地势低处，致使地势低处的土壤变得更加肥沃。因此，在河水泛滥之后的土地上进行耕作，农作物会长得更好。

另外，尼罗河给古埃及数学的发展也带来了很大的影响。每当尼罗河泛滥过后，耕作的土地边界会全部消失，这时，人们需要重新找回属于自己的土地。因此，古埃及人自然而然地就会研究测量土地的方法。这也推动了图形和立体几何的发展。英文 "geometry"（几何学）一词，就是由 "geo"（土地）和 "metry"（测量）两个单词组成的。

不仅如此，随着对年复一年发生的洪水的观察，古埃及人得出了四季和周年变化的时间概念。也就是说，他们开始理解看不见的抽象事物了。

3. 古埃及象形文字

要探索古埃及数学，就要先理解古埃及数字；要理解古埃及数字，就要先了解古埃及文字。

就像其他古文字一样，对于古埃及文字，在后来很长一段时间内世上都没有出现能解读它的人。

1799 年，拿破仑远征埃及。法军在亚历山大港东边的一个叫作罗塞塔的港口郊外挖出了一块石碑，就当作纪念品带回了开罗。这块石碑上刻满了古代文字，因是在罗塞塔港口的郊外出土的，就被

罗塞塔石碑（商博良通过它解读古埃及文字）

公元前 196 年，托勒密王朝为祝贺年仅 13 岁的托勒密五世加冕一周年，制作了此碑。

命名为"罗塞塔石碑"（Rosetta stone）。众所周知，之后拿破仑的法军在埃及被英军打败而投降，这块石碑最终落入英国人手里。

一开始，没有一个人知道罗塞塔石碑上面的文字是什么意思，直到 1828 年，在一位叫让·弗朗索瓦·商博良（Jean François Champollion, 1790—1832）的法国学者研究后才被解读出来。以他的研究为基础，人们一一揭开了古埃及文字的含义。

接下来，我们正式了解一下古埃及文字吧。古埃及文字是临摹物体或动物形状创作的象形文字。我们对照下面的图片来说明。

| 星星 | 临摹的星星 | 古埃及文字"星" |

古埃及人将眼里看到的星星临摹出来，创造了代表"星"的文字。就这样，每当发现新事物的时候，他们就创造出新的文字。因此，在古埃及王国初期，只有约 750 个文字，而到其灭亡时文字数量已达数千个之多。

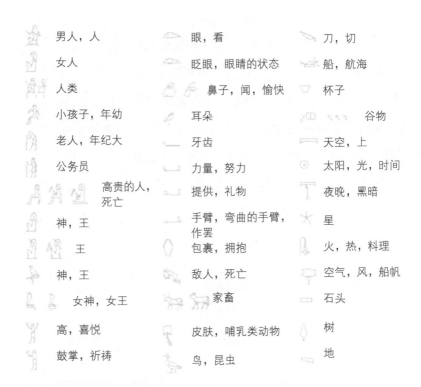

男人，人	眼，看	刀，切
女人	眨眼，眼睛的状态	船，航海
人类	鼻子，闻，愉快	杯子
小孩子，年幼	耳朵	谷物
老人，年纪大	牙齿	天空，上
公务员	力量，努力	太阳，光，时间
高贵的人，死亡	提供，礼物	夜晚，黑暗
神，王	手臂，弯曲的手臂，作罢	星
王	包裹，拥抱	火，热，料理
神，王	敌人，死亡	空气，风，船帆
女神，女王	家畜	石头
高，喜悦	皮肤，哺乳类动物	树
鼓掌，祈祷	鸟，昆虫	地

古埃及文字对照表

曾用于练习象形文字的石灰岩碎片

古埃及人为了节省很贵的纸草纸，就在石灰岩碎片或者碗的碎片上练习写字或画画。

4. 古埃及数字

与文字一样，古埃及人也是靠临摹物体的模样创造数字的。古埃及数字体系和现在我们使用的十进制体系差不多。只不过因为没有"0"这个数字符号，所以每到 10、100、1,000 时就创造出新的数字符号来使用。可以参考下表。

十进制	1	10	100	1,000	10,000	100,000	1,000,000
古埃及数字							

古埃及人创造数字时都临摹什么样的物体呢？先看表示 1 的数字，人们很自然地就想到"它是一根棍子"，棍子是 1 这个数字最基本的模样。

其实，表示 10 的数字与马鞍或者牛脖子上套的轭的形状很相似。这大概是因为数字 10 的发音和马鞍这个单词的发音相似。表示 100 的数字，我们推测它或许源于每 10 根一捆的绳子。表示 1,000 的数字，我们推测它可能与莲花的发音相似，而且看到它就想到了尼罗河上盛开的无数朵莲花，进而就想到了"很多"的意思。表示 10,000 的数字是斜着指向天空的手指形状。古埃及人在创造数字之前就开始使用手指计数法，据说，该手指形状保留了使用手指计数法的痕迹。表示 100,000 的数字是蝌蚪的形状。尼罗河里的青蛙非常多，一只青蛙一次会产下成百上千粒卵，由此蝌蚪的数量怎能不多呢！会不会是基于这个原因，古埃及人就选择了用蝌蚪的样子来表示非常多的数和非常大的数字呢？表示 1,000,000 的数字，是一个做出惊讶样子的人，大概是表示因为数字过分大，所以连人也受到了惊吓。

下一个大单位又是什么呢？在古埃及，没有比"惊人的样子"更大的单位了。随着社会不断发展和复杂化，人们使用的数也一定会变大。但是古埃及的社会再怎么发展，再怎么复杂化，也不可能像今天这样复杂。因此，在实际生活中，古埃及人基本用不到比 1,000,000 更大的数。

现在，我们已经对古埃及数字有了一定的了解，接下来就用这些数字来表示一下数吧。写数的方法是，在每个位数上写上相对应的数字就可以了。举个例子，下图就是 12,345 这个数的写法。表示 10,000 的 𓆼 写一次，表示 1,000 的 𓆼 写两次，像这样将每个位数上所需要的数字写出来就可以了。

　　如果要表示 9,999,999 这个数，该怎样写呢？这需要写很多次才行。虽然现在我们可以很简便地用 7 个 9 来表示，但是古埃及人需要在每个位数上都重复写 9 次，这是多么不方便呀！

5. 古埃及纸草纸

　　古埃及人用什么样的载体来记录象形文字和数字呢？与巴比伦人使用泥板不同，古埃及人使用的是由一种植物压制而成的纸。

　　这种植物名叫纸草，在尼罗河流域大量地生长着。用纸草制成的纸与现在我们使用的纸张很相似，既轻又可以卷起来，携带也很方便，我们称它为纸草纸。纸草纸的称谓也是英语单词"paper"的

记载着咒语的古埃及纸草书内页

纸草书上主要记载着古埃及神话的内容。

来源。

在古埃及，纸草纸是重要的出口产品，非常赚钱，所以只有国家才可以生产。出口纸草纸到古希腊，因为经由腓尼基的比布鲁斯港（今属黎巴嫩），所以古希腊人就以"比布鲁斯"（Byblos）来称呼纸草纸。其后，"比布鲁斯"在古希腊语中成为"书"的意思；在英语中，当时最重要、最常见的《圣经》一书，其书名单词"圣经"（Bible）就是由"比布鲁斯"演变而来。但是，纸草纸既昂贵又容易撕碎，所以当中国的造纸术传入埃及，人们生产出性价比更高的纸张后，它也就渐渐不被人使用了。

6. 拥有绝对权力的古埃及书记官

在古埃及，在纸草纸上记录文字或数字是一项专职工作，从事该工作的人被称作书记官。古埃及的象形文字非常复杂，能识字

古埃及书记官的坐像和用来做记录的工具

左图：书记官坐像的膝盖上有一张记有象形文字的纸草纸；右图：书记官使用过的笔盒（右上图）和墨盒（右下图）。

和写字的人占全体人口的比例不到 1%，因此需要以写字为职业的人。

　　书记官并不帮个人写书信或者做记录，只是记录国家政策或者与宗教有关的文字，所以拥有很大的影响力。据说，会数学的书记官可以拥有很高的权力。因为随着王权的逐渐强化，国王需要高大的王宫和神殿，还需要像金字塔那样巨大的坟墓。在设计这样的建筑物时，不仅需要统计参与建筑的人和材料，还需要准确计算建筑物高度和石块的大小。那时，能读写文字的人只有极少数，所以擅长数学的人又能有几个呢！因此，在古埃及，一个人只要有一些计算基础，就能被称颂为优秀的数学家，而且能晋升到很高的官职。

7. 最古老的数学书——《莱因德纸草书》

大约在公元前 1650 年，曾是书记官的阿默斯（Ahmes）在小手册里记载了以下内容：

> 这些内容在埃及国王奥西里斯陵墓中已有 33 年，在泛滥期第 4 个月写成书，是我用生命写成的。写此书的人是阿默斯。

据目前所知，这本名为《阿默斯纸草书》的手册是世界上最古老的纸草纸数学书。最先发现此书的是来自苏格兰的考古学家亨利·莱因德（Henry Rhind），因此，此书又被后人叫作《莱因德纸草书》，目前收藏在大英博物馆里。

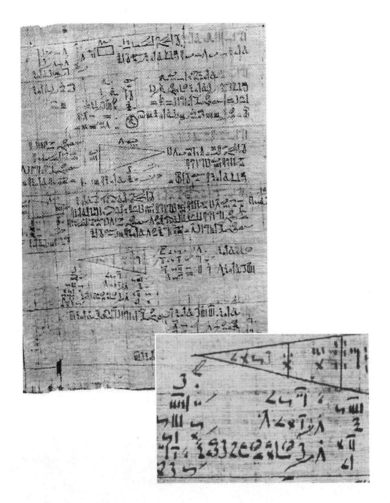

《莱因德纸草书》内页

右下图是内页局部放大图，其上面是关于三角形土地面积计算法的内容。

8. 制作纸草纸的方法

　　纸草在地中海沿岸的湿地或者尼罗河流域均有生长，是一种水生植物。相比它本身，我们更熟悉以它为材料制成的纸张，如文书用纸。从古埃及时代一直延续到 9 世纪，记录文字都使用纸草纸。随着现代纸张制作方法的传播，纸草纸逐渐消失了。那么，古埃及人是怎样用纸草来制作纸张的呢？其步骤如下页图所示。

纸草

① 将纸草的茎切成 60 厘米左右的长度，再把外皮剥掉，然后切成薄片。

② 将切好的薄片用尼罗河水浸泡，然后捞出并排叠放在木板上。

③ 用锤子敲打叠放的纸草，使它们黏合在一起。

④ 用石头将表面打磨光滑，然后晾干。

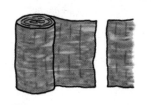

⑤ 将制成的纸连接着卷起来，形成卷轴状。

9. 古埃及的乘法计算

《莱因德纸草书》很详细地记载了古埃及人的数学知识，具有很高的历史价值。从求等边三角形面积的方法、将物品分给一定数量的人的方法等这些在实际生活中用得到的基础数学知识，到很难解的几何题，书中记载了很多不同类型的例题。

另外，该书中还列有各式各样的解题方法，包括古埃及人使用的独特的乘法。像"2×4"结果是 8 这样的计算，现代人即使没有特别的计算方法，也能够运用在小学时学过的"九九乘法表"脱口而出。

那么，"2×4"表示什么意思呢？是将 2 相乘 4 次吗？当然不是。如果是 2 相乘 4 次，列式就是：2×2×2×2=16。"2×4"其实表示 2 相加 4 次，即 2 + 2 + 2 + 2。虽然古埃及人也知道这种表示的意思，但是并没能创造出像今天这样精准的计算方法。

接下来，我们了解一下古埃及人使用什么方法来计算"26×33"。如果将 26 转换成 2 的倍数之和，可以转换为"16 + 8 + 2"。因为"26×33"既指将 26 相加 33 次，也可以指把 33 相加 26 次，所以按上面的转换将"26×33"拆分开，可以拆分为："33 相加 16 次" + "33 相加 8 次" + "33 相加 2 次"，写成公式是：

（ 33 × 16 ）+（ 33 × 8 ）+（ 33 × 2 ）。

　　古埃及人计算 26 × 33，先将 26 转换成 2 的倍数之和，再求出 33 的倍数，如下图所示。

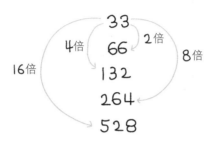

　　接下来，计算前面得出的公式：（ 33 × 16 ）+（ 33 × 8 ）+（ 33 × 2 ）。能够得出：33 × 16=528；33 × 8=264；33 × 2=66。然后，将 3 个乘积相加得出结果为 858，即 528+264+66=858。比起乘法计算，理解乘法概念好像更难。所以不难看出，我们现在使用的数学已经发展为非常方便和简洁的计算公式了。计算学得好的人如果生活在古埃及，说不定就能成为最好的数学家。

10. 古埃及的除法计算

接着，我们来看古埃及的除法计算。它的方法基本上和乘法一样，将乘法倒过来就是除法。这与我们现在使用的除法差不多。"8÷4"结果为2，那么，"8÷4"到底表示什么意思呢？既有将8平均分成4份的意思，也有在8里面含有多少个4的意思。因为8包含了2个4，因此"8÷4"的结果就是2。

再以"9÷2"为例。9里面有4个2和1个1，即余数是1。

现在的除法 $\longrightarrow 9 \div 2 = \underset{\text{商}}{4} \cdots \underset{\text{余数}}{1}$

古埃及的除法 $\longrightarrow 9 - \underset{\substack{\big\downarrow \\ \text{4次（商）}}}{2 - 2 - 2 - 2} = \underset{\text{剩余的数（余数）}}{1}$

古埃及的除法计算就是应用上文介绍的乘法计算的方法。我们以求解753÷26为例。如同下页图所示，古埃及人先将26的倍数值一一列出来，直到超过753时就不再列出。比如，416的2倍值是832，已经超过753，其后的倍数值就不再列出。接着，将最后一个倍数值416加上前面的倍数值，即416 + 208 + 104 = 728，其中416是26的16倍，208是26的8倍，104是26的4倍。因此可以得出 728 是 26 的 28 倍（16 + 8 + 4 = 28）的结论。

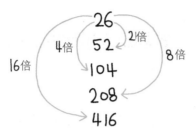

728 再加上 25 才等于 753。根据上面的计算，得出 753 ÷ 26 的商为 28，余数为 25。

11. 古埃及人求出的圆周率

　　《莱因德纸草书》记载了古埃及人早已了解圆周率数值这一事实。该书的第 50 题是这样的："求圆的面积。先将圆的直径减去其 $\frac{1}{9}$，再将这个结果平方，所得值即为该圆的面积。"如果忽略单位，翻译出这道题（假设圆的直径为 9）就是如下内容：

　　直径为 9 的圆的面积是多少？

　　直径减去其 $\frac{1}{9}$，即 $9- \frac{1}{9} \times 9$ 得到 8，8 乘以 8 得到 64。圆的面积就是 64。计算过程如下：

1	8
2	16
4	32
8	64

　　在没有乘法符号的当时，计算过程与上面一样。古埃及人在做乘法时，会一直把 2 倍、4 倍……记下来。解答该问题，不是一次性就把结果求出来，而是把计算出来的 8 的 1 倍、2 倍、4 倍、8 倍

写下来，然后再计算。

　　虽然无法准确得知古埃及人是如何求出圆周率的，但是古埃及人为找到和圆面积一样大的正方形而做出了很大的努力。可以推测的是，写《莱因德纸草书》的阿默斯得出了圆的面积和以它直径的 $\frac{8}{9}$ 长度为边的正方形的面积是一样的。根据这一方法，得出圆周率约为 3.16049，与现在我们使用的 3.14 十分接近。

第 **4** 章

古埃及数学 **2**

藏于埃及文物中的
数学原理是什么呢?

　　如果将 1 块圆形比萨均分给 4 个人吃，该分给每个人多少呢？不错，分别给每个人 $\frac{1}{4}$ 块就可以了。由此可看出，分数的优点是，可以简单地表达出整体和部分。

　　那么，人类开始使用分数是什么时候呢？欧洲开始使用阿拉伯数字的时间在公元 1400 年之前，那么，人类使用分数是在这之后吗？

　　当然不是！令人惊讶的是，人类从创造并使用自然数时开始，就在使用分数。事实上，古人使用分数，并不是因为数学才能很突出，而是因为不太会使用除法，才不得不使用分数来表示。对于不怎么会书写数字的古人而言，计算出商和余数是更加困难的事情。

　　古埃及人创造并使用了分数。对于分子是 1 的分数（单位分数），他们不仅使用于实际生活中，也使用于神话故事中。

　　接下来，我们一起看看古埃及人的分数故事吧。

1. 古埃及的分数

在《莱因德纸草书》中，分数出现了很多次。那么，在没有阿拉伯数字的时代，人们是怎么表示分数的呢？

分数差不多是在人们开始创造并使用自然数时被创造出来的。那时，人们对除法和质数还完全没有概念，因为解不出"$1 \div 6$"的答案，所以就干脆将它写成 $\frac{1}{6}$。

在古埃及，所有分数的分子都是 1。也就是说，虽然如今我们会将 $2 \div 5$ 简单地写作 $\frac{2}{5}$，但是在古埃及它被写作 $\frac{1}{3} + \frac{1}{15}$。

$$\frac{1}{3} + \frac{1}{15} = \frac{5}{15} + \frac{1}{15} = \frac{6}{15} = \frac{2}{5}$$

可见，虽然这样的表达方式并没有错，但是使用起来多少有点儿不方便。理所当然，在古埃及，分子为 1 的分数也各自有它的象形文字。它们的符号如下：

喜欢单位分数的古埃及人，还用单位分数创造了神话故事。

2. 用单位分数创造的荷鲁斯神话

　　古埃及人与巴比伦人或者其他古代民族一样，在大自然的力量面前非常脆弱。为什么会出现打雷下雨？为什么会有昼夜更替？他们对这些都一无所知。所以，古埃及人把大自然当作神来供奉。

　　那么，在所有的自然神之中，地位最高的神是谁呢？古埃及人把发出的光比地面上任何光都要强烈的太阳当作最强大的神，认为阳光是"神的眼睛"。以这个神的眼睛为基础，加上单位分数的内容，就诞生了荷鲁斯神话。

　　在很久很久以前的古埃及，天空女神努特与大地之神盖布结合，生下了名叫奥西里斯的神。奥西里斯的弟弟塞特，性格非常残暴，为了让自己称王，他杀死了哥哥奥西里斯。但是，奥西里斯的妻子伊西斯使奥西里斯复活且成了冥界之王，并用冥界的力量生下了一个孩子，这个孩子就是荷鲁斯。

　　荷鲁斯长大后，打败了塞特，为父亲报了仇并坐上王位。但是，在与塞特的战争中，他失去了左眼。庆幸的是，智慧之神托特帮他找到了散落的眼睛碎片并收集起来，使其恢复了原来的样子。这时，荷鲁斯健康的右眼化作太阳，托特找回来的左眼化作月亮，它们分别照亮了白天和夜晚。

故事就是这样。

壁画中的荷鲁斯神与守护在荷鲁斯神殿前的鹰的石像
奥西里斯和伊西斯的儿子荷鲁斯是荷鲁斯神话的主人
公，壁画中有着老鹰头的男人就是荷鲁斯的形象。右图
是鹰的石像，竖立在供奉荷鲁斯的神殿前。

　　古埃及人把神话中出现的荷鲁斯的左眼当作自己的护身符。为
了保护自己免受不祥气息影响，他们经常把荷鲁斯的眼睛画在木乃
伊所佩戴的贵金属或者装饰物上。

　　那么，单位分数的内容是如何出现在荷鲁斯神话中的呢？在与
塞特的战争中，荷鲁斯的左眼散落成了许多碎片，这些碎片的大小
就是以单位分数来表示的。

荷鲁斯之眼及用分数表示眼睛的图案

荷鲁斯之眼是保护国王的"完整"的象征，也常被画在木乃伊的装饰物上或者用作护身符。

$$\frac{1}{2} + \frac{1}{4} + \frac{1}{8} + \frac{1}{16} + \frac{1}{32} + \frac{1}{64}$$

但是，表示荷鲁斯之眼的分数全部加起来结果是 $\frac{63}{64}$，并不是完整的 1。据说，托特始终没能找到剩余的 $\frac{1}{64}$ 那块碎片，但是，古埃及人相信，治愈荷鲁斯眼睛的托特会把剩余的 $\frac{1}{64}$ 补上。

3. 第 79 题的真相

《莱因德纸草书》上记载的题目，大部分都已经被解读出来且有了答案，但是到现在为止，人们仍没能解读出其中的第 79 题。我们来看一下这道题吧。

房子 ·················	7
猫 ·················	49
老鼠 ·················	343
麦穗 ·················	2,401
合① ·················	16,807
	19,607

只看上面这些数，看的人完全不知道这些数表示什么。不过，仔细观察可以看出，这些数全都是 7 的倍数，最后一个数是上面列出的数之和。据说，最初看到这道题的数学家们，都认为这是古

———————————

① 原文为古埃及量粮食的极小器具，这里用中国量粮食器具"合"代称。

埃及的乘方计算表之一，只是为了便于区分，就给每个数取了如房子、猫等这样的名字。

1907 年，数学史家莫里斯·康托尔（Moritz Cantor, 1829—1920）发现这道题与中世纪时广为人知的一道题很相似，中世纪时的那道题如下：

> 前往罗马的路上有 7 个老妇人，每个老妇人都赶着 7 头毛驴，每头毛驴背上都驮着 7 只布袋，每只布袋里都装着 7 块面包，每块面包都配有 7 把餐刀，每把餐刀都有 7 副刀鞘。
>
> 那么，前往罗马的路上，老妇人、毛驴、布袋、面包、餐刀、刀鞘全部加起来是多少呢？

类似的题目，也出现在 13 世纪初英国的一首童谣里。

> 我赴圣地爱弗西，途遇一人携七妻，
> 每妻七袋手中提，每袋七猫数整齐，
> 每猫七仔紧相依，妻与布袋猫与仔，
> 几何同时赴圣地？

据康托尔解析，收录于《莱因德纸草书》中的第 79 题，实际上与下面这道题相同。

有 7 座房子，每座房子里都有 7 只猫，每只猫都抓了 7 只老鼠，每只老鼠都吃了 7 根麦穗，每根麦穗都能长出 7 合粮食。

那么，房子、猫、老鼠、麦穗、粮食的数量全部相加是多少呢？

阿默斯把这道题记载到纸草书上时，已经是这道题被设计出来之后的事情。此后，经过 3000 多年的岁月，这道题既与中世纪的某道题有一定的关联，还给距此约 700 年之后的英国小孩唱的童谣带来影响。英国古老的童谣居然和古埃及的数学题有关联，是不是让人非常震惊啊？！

4.《莫斯科纸草书》上的第 14 题

除《莱因德纸草书》外，1893 年人们在埃及发现了另一部书。该书于 1930 年增加了编辑注解后出版，并被命名为《莫斯科纸草书》。在《莫斯科纸草书》中，也记录了有关古埃及数学的内容，一共有 25 道数学题，从中可以看到一些水平很高的几何题解法。在这些题目中，最著名的是第 14 题，它是一道求金字塔体积的题。

求被截顶金字塔的体积，上下两个底面是边长分别为 2 和 4 的正方形，高为 6。

根据这道题的描述，可以用图形表示如下。

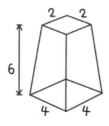

现代人求解这类物体的体积，要使用高中学到的解法，而在古埃及就有人能解出这样的题，着实令人惊讶。这可以说是古埃及人

在测量土地、修建各种建筑物时使用的数学知识累积的结果。古埃及人认为人的灵魂不死，因而，当他们的祖先死后，为了使其灵魂继续享受美好生活，他们就为祖先建造寺庙，为祖先的尸体修造坟墓，将祖先的各种遗物和记录一起陪葬，还用华丽的画作和宝物对坟墓内部进行装饰。他们修造的坟墓就是众所周知的金字塔。也因为这样的风俗，各种文物才得以大体无损，后人才能学到古埃及数学。

5. 国王的坟墓——金字塔

在气候干燥而且石块又多的古埃及，利用大石块修造金字塔状的坟墓，或许是理所当然的事。但是，那些国王为什么要把坟墓修造得如此巨大呢？

在古埃及，国王被看成是太阳神拉的儿子，后来被叫作法老。古埃及人相信，法老死后会与冥界之王奥西里斯成为一体。不仅如此，他们还坚信，与奥西里斯成为一体的法老，会在冥界复活并操

绘于纸草书上的《死者之书》

图中描绘了死亡之人在阴间接受审判的情形。仔细观察，可以看到图中在使用天平测量象征良心的心脏的重量，然后就是接受冥界之王奥西里斯的审判。

控尼罗河的洪水。所以，他们把作为法老坟墓的金字塔修造得又大又华丽。

能修造金字塔这样巨大的建筑物，也就意味着当时的数学和建筑技术都已经相当发达了。有记录显示，古埃及的建筑学家们将一根绳子分成 12 等份之后，打 11 个绳结，并将它们的位置标记出来，形成各边的长度分别是 3、4、5 的三角形，然后再标示出直角。

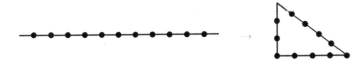

将直角三角形各边的关系整理出来，得出的就是勾股定理。虽然古埃及人并没有从数学的角度证明勾股定理，但是已经掌握了直角三角形各边的关系。

在埃及尼罗河附近有 35 座巨大的金字塔。在金字塔里有一间秘密的墓室，国王的尸身连同大量像贵金属一样价值不菲的陪葬物一起被存放在那里。有时，人们在国王的金字塔旁边另外修造起一座小的金字塔，用来安放王妃的尸身。

那么，古埃及人为什么将坟墓修造成如此独特的样式呢？为什么不直接将坟墓修造成四方形或者圆形呢？仔细观察就会发现，金字塔的倾斜度与太阳光线的倾斜度是平行的。这种设计是为了让国王的灵魂随着阳光升空成为神。崇拜太阳、把国王当作神的古埃及人，依据自己的信仰修造了如此雄伟的坟墓。

6. 法老的葬礼

古埃及人相信人死后灵魂永存，就将死去的法老用特别的方法进行处理，以保持他的尸身不腐，由此形成了大家都熟知的木乃伊。

法老死后，古埃及人先取出其内脏，接着在体内放入香料，再将身体放入盐水里浸泡，然后除去所有的水分；做完这些之后，就用白布将尸身全部包裹起来，放入人形的棺椁内；最后，在祭司的主导下进行木乃伊"开嘴仪式"。

古埃及人相信，通过这个仪式，在祭祀的时候死者就能像活人一样吃喝和说话了。然后，他们将死者生前使用过的物件一起陪葬，以让死者在死后的世界里能够继续使用。

在埃及萨卡拉发现的石棺

石棺内部饰有华丽的画作，描绘的都是与葬礼仪式相关的场景。

7. 吉萨金字塔群

吉萨金字塔群位于尼罗河西边的吉萨地区，在埃及所有金字塔群中是最雄伟的。这个金字塔群约于公元前 2575 年开始修造，据说，足足使用了 600 万吨石块。其中，胡夫金字塔的高度约为 150 米，修造时从四个面往上砌石块，一直到达顶端。据测算，各个面每层的高度公差不到 20 厘米，可见古埃及人的设计能力非常了不起。

现在，我们仔细研究一下胡夫金字塔。修造金字塔的角度如下图所示，∠ACB 的角度约为 51°。塔身是用石块一层一层叠砌而成的，如果倾斜严重，就容易倒塌；如果倾斜过缓，就有失国王的尊严。因此，古埃及人为了修造出高度足够且安全的建筑，才使用了约 51°的角度。

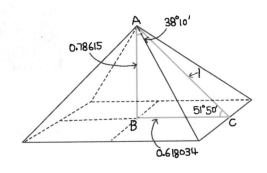

吉萨金字塔群
建立于尼罗河西面的岩石高原上，有大大小小 9 座金字塔。在这些金字塔中，有被列入"世界七大奇迹"之一的胡夫金字塔，此塔建成时高达 146.59 米。

为什么必须是约 51° 呢？从经验可知，如果我们将细沙从高处流落到地面上，就会形成一座小沙山，当小沙山堆到最高时，它的侧面倾斜度约为 51°。古埃及人大概认为这样自然形成的物体是最安全的，所以就把倾斜度定为约 51°。

接下来，我们仔细研究一下金字塔的各个边的关系（如下图）。假设胡夫金字塔斜边长度为 1，金字塔高度就是 0.78615。这时如果以金字塔的高度为半径画一个圆，求此圆的周长，就会得出周长为：$2 \times \pi$（≈ 3.14）$\times 0.78615 \approx 4.937022$。这个数值与金字塔底面的周长几乎一样。

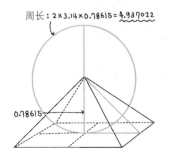

周长：$2 \times 3.14 \times 0.78615 = 4.937022$

0.78615

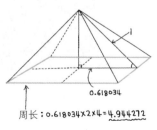

1

0.618034

周长：$0.618034 \times 2 \times 4 = 4.944272$

　　也就是说，以金字塔的高度为圆的半径，那么金字塔的底面周长与该圆的周长几乎相等。

　　这样的设计，到底有什么意义呢？在斜边为 1 的直角三角形中，底边与斜边的比值约为 0.618034，这个比值就是黄金比例的值。

　　将任意物体分为两个部分，如果两个部分的比为 0.618 : 1，人们就会觉得这样的结构最美丽，因此称这样的比例为黄金比例，并用希腊文 φ 表示。人们在希腊的帕特农神庙、法国的巴黎圣母院等众多建筑物和美术作品中都使用了黄金比例。

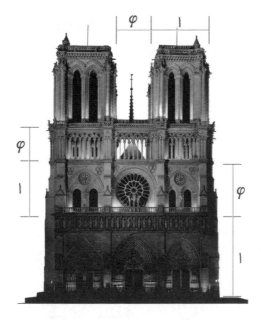

巴黎圣母院大教堂

教堂正面是按照横向与纵向比为 0.618 : 1 的黄金比例设计的。

8. 图坦卡蒙的黄金面具

胡夫金字塔并不是盲目堆砌出来的，而是为了让人们在视觉上产生美感而计算和设计出来的。有关黄金比例的使用，人们并不只是在金字塔上有发现，还在各个法老的遗物中有发现。我们来看下古埃及法老图坦卡蒙（古埃及第十八王朝第十二位法老）的遗物。

我们知道，在正五边形内画上五角星图案，如下图所示的线与线相互之间都形成黄金比例。

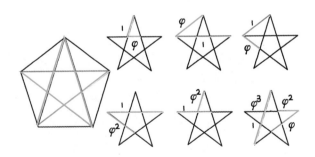

如下图所示，图坦卡蒙的黄金面具也能放进正五边形里，其边与五角星各连线形成黄金比例。除此之外，我们也能从许多古埃及国王的宝石、多样的建筑物中找到正五边形，它们的构造中都使用了黄金比例。

图坦卡蒙的黄金面具和宝石工艺品
从图坦卡蒙坟墓中发掘出来的非常华丽的遗物都是根据五角星的黄金比例来设计的。

9. 对精致的法老遗物使用了左右对称

如果仔细观察其他文物我们就会发现，针对它们的设计，除了使用了黄金比例外，还使用了简单的几何知识。古埃及时代并没有计算机或者对宝石进行精加工的机器，那么，人们仅通过手工是如何制作出如此完美且实现左右对称的精致物品的呢？我们且看下图。

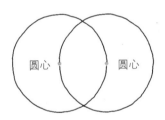

它的原理是从画圆开始的。用圆规先画一个圆，再在该圆的弧上取一点为圆心画另一个半径相同的圆。

这种绘图方法从远古时候就开始使用了，在西方很常见，叫作"Vesica piscis"（双圆光轮）。Vesica piscis 在拉丁语中意为"鱼鳔"。为了验证古埃及人是否真的使用这种方法来绘图，我们在古埃及文物——伊西斯和奈芙蒂斯的胸饰上画上圆。

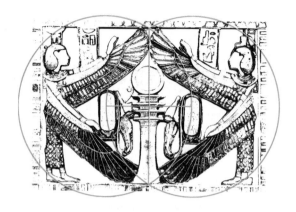

　　从上图可以看出，胸饰是非常精准的左右对称。如果仔细看两圆交叉部分就会发现，两圆圆心连线等分两圆交点连线。

10. 运用圆和梯形的设计

　　在古埃及国王辛努塞尔特二世的遗物中，石像是以 Vesica piscis 方法画出来并以梯形为基础设计而成的。其设计方法是，先画出 Vesica piscis，接着连接两圆圆心并绘出一个梯形（如下图所示），再在这个梯形的上下平行线间利用左右对称性创造出完美的脸部，然后利用梯形上底两个端点与下底中点形成的三角形来决定眼睛、鼻子、嘴巴和额头的位置，由此形成一张很均衡的脸。

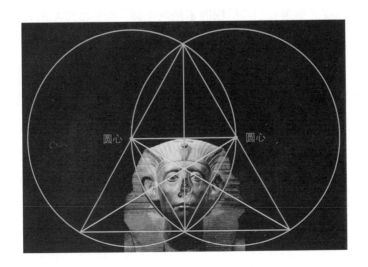

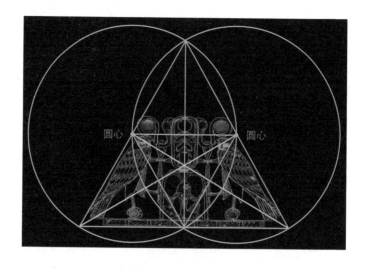

像这样利用圆和梯形的设计，也用在了从辛努塞尔特二世坟墓中出土的那些宝石装饰品上。

利用圆画出梯形，再利用梯形设计出对称、优美的艺术品，真令人惊叹。如果我们在绘图时不是随手画，而是使用 Vesica piscis 绘图法来表现黄金比例，那该是怎样的情形呢？

公元前 30 年，奥古斯都带领军队征服了埃及王国。由此，古埃及成为古罗马帝国统治下的领土。公元 391 年，古罗马皇帝下令摧毁除基督教之外的所有宗教神殿。根据这个命令，古埃及供奉着的包括太阳神在内的各种神殿全部被毁，在神殿里举行祭祀仪式的祭司们也纷纷逃离，以至于这之后再也没有一个人能解释古埃及的象形文字了。如此灿烂的古埃及文明就这样湮灭在了茫茫历史长河之中。

第 5 章

古希腊数学 1

古希腊数学与古埃及
数学究竟有何不同呢?

　　在古希腊神话中，大海之神波塞冬、给人类盗来火种的普罗米修斯、爱与美之神阿佛洛狄忒和智慧之神雅典娜，还有众神之王宙斯轮番登场，看上去让古希腊枯燥的现实生活充满了乐趣。

　　但是，只要仔细观察我们就不难发现，这些神相爱相斗的情形与人类现实生活并无二致；而且古希腊时代发展的科学和数学，也赋予了这些神话故事更多的现实意义。

　　古希腊与东方地区积极开展贸易，接受那里的文化，以科学的思考方式为基础发展哲学与数学。据说，古希腊的数学家们将体力活交给奴隶去做，自己则拿着尺子和圆规专注于进行逻辑性和合理性的"证明"。

　　我们现在出发，去看一下有苏格拉底（Socrates，约前469—前399）、柏拉图（Plato，前427—前347）等哲学家和毕达哥拉斯、欧几里得（Euclid，约前330—前275）等伟大的数学家轮番登场的、百家争鸣的古希腊。

1. 古希腊文明的根基——爱琴文明

公元前 3000 年左右，在巴比伦和古埃及地区都有王国建立，并且社会都得到很大发展。与此同时，位于地中海东部的爱琴海沿岸，一个以克里特岛为中心的青铜器文明正在萌芽。在此处发展的克里特文明（米诺斯文明）和迈锡尼文明统称为爱琴文明。

在与古埃及和巴比伦地区做贸易的过程中，克里特文明起到了核心作用。迈锡尼人经常对克里特岛发动战争并最终统治了这一带，由此诞生了迈锡尼文明。这两个文明都因外族入侵而衰落。但是它们留下的文化遗产得以延续，并成为古希腊文明兴盛的基础。

古希腊文明的发祥地——爱琴海

此地产生了爱琴文明，之后演变成古希腊文明，成为西方古代文明的源头。

2. 带来古希腊繁盛发展的爱琴文明

　　克里特岛位于爱琴海南端，处在交通枢纽的位置，早期生活在这里的米诺斯人接受了来自美索不达米亚地区的先进文化，并将自己的力量延伸至爱琴海沿岸的所有地区，建立起强大的王国。在克诺索斯王宫旧址上留下的壁画和遗迹充分地体现了克里特文明的发达程度。

　　迈锡尼王国以坚固的城堡为守护屏障，经常与周边的王国展开战争以显示自己的实力。特洛伊城位于黑海入口，是贸易枢纽城市，经济上很繁荣。但是公元前 1193 年爆发的特洛伊战争持续了10 年之久。这场战争让迈锡尼王国大伤元气，逐渐走上衰落之路。公元前 1100 年左右，北方的多利亚人大举入侵，迈锡尼王国灭亡。由此，迈锡尼文明连同体现该文明成果的众多建筑物和文字一起消失在历史的长河中。

克诺索斯王宫的驯牛壁画

该壁画描绘了斗牛士与公牛搏斗的场景。

101

3. 古希腊文明的发展

公元前 8 世纪左右，在迈锡尼文明消失的古希腊地区，新的城邦国家纷纷建立，由此古希腊文明逐渐形成。古希腊地区山地众多，各城市不得不分散发展，以至于每座城市都是一个小国家。各城市通过贸易交往相互结为同盟，形成一个相互保护、免受他族入侵的共同体。

古希腊地区是一个冬季温暖、夏季干燥，一年之中都保持着良好天气的地区。自然而然地，当地人乐于享受户外生活。因此，人们之间也就有了很多对话交流的机会。无须动员大量劳动力来整治江河，也无须拥立强权国王来聚拢民心，古希腊与其他古国不同，能够相对民主地发展。

对于这样的古希腊，如果一定要指出一个不足之处，那就是农作物稀少。古希腊山地众多，能用于生产农作物的土地占全部疆域的 20% 都不到；又因为很少下雨，加上土地不是很肥沃，所以只能种植一些如葡萄树或者橄榄树这样的耐旱作物。

随着社会发展，人口也跟着增长，古希腊粮食不足的情况越来越突出。为此，古希腊人就向大海进军，一边做海上贸易，一边发展工商业。通过贸易，古希腊人赚得盆满钵满，于是雇用奴隶来从

事家务劳动。同时，他们也通过贸易学习新的文化，以读书和与人
讨论的方式打发着大量的闲暇时光。

另外，古希腊人将腓尼基人创造的字母演变成了现在的英文字
母。腓尼基人主要生活在地中海东部，以贸易为生。他们为各个音
节制定了特定的符号，以作为字母使用。古希腊人则把这些字符转
化成了适合古希腊使用的字母。随着语言文字的发展，古希腊的知
识分子也日益增多。

古希腊人以文化发展为基础，与相信神创造了自然现象的其他
古代民族不同，他们对各种自然现象都会提出"为什么会这样"的

腓尼基字母		罗马字母	腓尼基字母		罗马字母	腓尼基字母		罗马字母
𐤀	（'aleph）	A	⊗	（teth）	T	𐤐	（pe）	P
𐤁	（beth）	B	⟨	（yodh）	Y	𐤑	（tsade）	C
𐤂	（gimmel）	G	𐤊	（kaph）	K	φ	（qoph）	Q
𐤃	（daleth）	D	⟨	（lamedh）	L	𐤓	（res）	R
𐤄	（he）	H	𐤌	（mem）	M	W	（sin）	S
𐤅	（waw）	W	𐤍	（nun）	N	×	（taw）	T
𐤆	（zayin）	Z	𐤎	（samekh）	S			
𐤇	（heth）	H	O	（'ayin）	O			

腓尼基字母和罗马字母

疑问。所以，为了得到答案，他们展开了积极的研究。

在数学领域同样如此。学者们会提出一些基本问题，如："为什么等腰三角形的两个底角大小是一样的？"这也成为从"如何建造金字塔"这样的实用数学向更具逻辑性的抽象数学发展的契机。从重视实用数学向重视更具逻辑性的抽象数学的转变，拉开了数学新时代的序幕。

4. 像暗号一样复杂的古希腊数字体系

以希腊字母为基础，古希腊人同样给每个数字创造了一个固定的符号。虽然记住这些符号非常难，但是这能帮助他们简单准确地表达数。

在这种数字体系下，古希腊人开始奠定自己的数学基础。巴比伦人和古埃及人对在建造建筑物或者测量土地这样相对实用的事务中出现的数学问题有很大的关注。古希腊人则对解数学问题、求证数学问题有更大的兴趣。因此，他们在针对数字本身或者公理、定理、图形的特性方面做了很多研究。古希腊精确的、具有很强逻辑性的数学公理体系成为数学研究的根基。

1	α(alpha)	10	ι(iota)	100	ρ(rho)
2	β(beta)	20	κ(kappa)	200	σ(sigma)
3	γ(gamma)	30	λ(lambda)	300	τ(tau)
4	δ(delte)	40	μ(mu)	400	υ(upsilon)
5	ε(epsilon)	50	ν(nu)	500	φ(phi)
6	Ϛ(digamma)	60	ξ(xi)	600	χ(chi)
7	ζ(zeta)	70	o(omicron)	700	ψ(psi)
8	η(eta)	80	π(pi)	800	ω(omega)
9	θ(theta)	90	ϙ(koppa)	900	ϡ(sampi)

用希腊字母表示的数字

5. 最早的数学家泰勒斯

　　古希腊学问的根基是哲学。哲学是研究人生观或者世界观的学问。虽然现代人将数学和哲学作为两个不同的领域来研究，但在最早的时候，古希腊人认为两者都是从提出"为什么"开始，然后通过不断寻找原因，依靠人类的智慧构建起整个知识体系的学问，所以没有必要分为两个独立的领域。因此，当时的数学家也是哲学家。

　　在从逻辑上来证明数学问题的过程中，古希腊伊奥尼亚学派（米利都学派）的研究尤为活跃。伊奥尼亚学派是指公元前6世纪左右，以伊奥尼亚地区为活动中心的哲学家组成的学派。这个学派的泰勒斯（Thales，约前624—约前546）既是哲学家又是数学家。在泰勒斯出生的时代，人们还相信天气和季节变化等自然现象是神的安排。当发生干旱或者洪水时，人们就认为这是因某人的行为触怒了神，导致神发怒的结果。

　　但是，泰勒斯努力通过科学的方式来解释人们针对自然现象提出的疑问。以泰勒斯为开端，人类开启了对自然现象进行客观的观察和研究的进程，这为科学发展奠定了基础。

　　除了在自然现象方面，在数学问题上，泰勒斯也努力地进行逻辑性的解答。在探索数学原理的过程中，他发现了各种各样的数学性质和法则。他将最基础的法则命名为公理和公设①；将以公理和公设为基础，通过逻辑推理得出的法则称为定理；将逻辑推理、论证的过程称为证明。

实际上，泰勒斯也证明了关于圆和三角形的五个基本定理。

（1）圆被它的任一直径所平分。

（2）等腰三角形的两底角相等。

（3）两直线相交，相对的两角相等。

（4）圆的内接三角形，如果其中一条边是圆的直径，那么此三

---

① 他将理所当然、很明确的道理称为公理，其中与图形（几何学）相关的称为公设。近代数学对此不再区分，都称为公理。

角形为直角三角形。

（5）如果两个三角形的两角与一边对应相等，那么这两个三角形全等。

虽然泰勒斯的证明数学水准并不是很高，但是他通过逻辑推理来寻找答案的方式具有重要的意义。在泰勒斯证明出定理之前，对于这样的定理为什么是对的，谁也没能从逻辑上做出过解释。

接下来，我们来分析一下泰勒斯对第三个定理（两直线相交，相对的两角相等）的证明过程。泰勒斯在证明这一定理之前，向人们展示了一张图（如下图），并问道："为什么∠a和∠b是相等的呢？"也许有人会剪下其中一角，然后与另一角重叠起来，然后回答："不就是一样的吗？"但是，泰勒斯运用逻辑推理证明出这两个角是相等的。

他把∠a和∠b中间的角标为∠c，得出∠a+∠c = 180°，∠b+∠c = 180°。在每个公式两边分别减去∠c，就变成∠a = 180° − ∠c，∠b = 180° − ∠c。可以看出，∠a和∠b都等于180° − ∠c。由"等量减等量，其差相等"的公理可知，∠a和∠b相等，由此即证明"两直线相交，相对的两角相等"是成立的。

6. 古希腊的解题专家

泰勒斯在哲学和数学领域都取得了巨大成就。他还准确地预测到了公元前 585 年发生的日食，这让时人大为震惊。因为古希腊人一直相信，导致太阳消失的日食现象，是神在冲着人类发怒。泰勒斯还以天文学知识为基础，准确地计算出了地球、太阳和月亮的运转周期。他的研究成果让人们恍然大悟，他本人也因此成为家喻户晓的人物。从此，他每到一地，都会出现人们排队请求他帮忙解决问题的情形。

泰勒斯去埃及旅行期间就发生过这样一件事。埃及国王对泰勒斯说，他想知道金字塔的高度。测量出金字塔底边长很容易，但是要测量出高度并不是一件容易的事。泰勒斯为此苦恼了一阵，但随后他发现，随着时间的变化，太阳的位置也在不断变化，自己的影子长度也跟着改变。他认为，当影子长度与自己的实际身高相等时，金字塔的高度和金字塔的影子长度也应该是相等的。

$$金字塔高度 : 金字塔影子长度 = 木棍长度 : 木棍影子长度$$

$$金字塔高度 = \frac{金字塔影子长度 \times 木棍长度}{木棍影子长度}$$

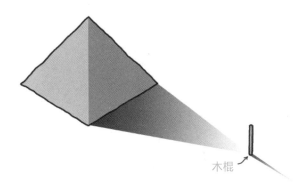

木棍

基于上述事实，如上图所示，泰勒斯在金字塔旁边竖了一根木棍，将金字塔和木棍的影子长度测量出来，最终计算出了金字塔的高度。这是利用了光线直且平行的特性，同时也利用了相似三角形定理①。

渔夫们也向泰勒斯寻求帮助，他们想知道海岸到漂浮在海上的船只间的距离。那么，应如何测量海岸到海上的船只间的距离呢？泰勒斯同样利用了相似三角形定理解决了这个问题。我们看下页图，思考一下泰勒斯究竟是怎样解开这个问题的。

_____

　　① 　如果两个三角形的三个角分别对应相等，则这两个三角形为相似三角形。相似三角形对应边的比值就是相似比。

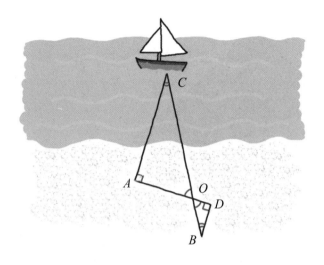

首先，随意在海边画出 A 点和 B 点，再以船只为 C 点，分别连接 AC 和 BC。然后过 A 点作 AC 的垂线 DA，过 B 点作 DA 的垂线 BD。假设 DA 和 BC 交于 O 点，这样就形成了三个角对应相等的两个三角形，即相似三角形 ACO 和 DBO。如果测出 AO、DO 和 BD 的长度，就能得出相似比 AO/DO。利用这个相似比就能求出：海岸到船的距离：$AC=BD \times AO/DO$。

7. 建立数学体系的毕达哥拉斯

如果说泰勒斯迈出了逻辑数学的第一步，那么毕达哥拉斯可以称为构建数学体系的人。公元前 500 年左右，毕达哥拉斯在意大利南部地区一边学习数学一边授课。最初，毕达哥拉斯招收学生时，既没有经验，也没有名气，所以没有一个学生想跟他学习数学。因为想教学的心情非常迫切，他就反过来给一个小男孩贴钱，促使小男孩成为他的学生。不久，他的钱花光了，他只得告诉小男孩自己无法授课了。孰料，这时小男孩反过来对他说，自己听他的课上瘾了，以后可以付钱听他的课。

就这样，毕达哥拉斯渐渐积累起学者名声并建立了自己的学校。他的学校教授哲学、数学和自然科学，只是在这里学到的内容不允许随意对外泄露或者发表，而且这所学校有着非常严格的行为准则。包括毕达哥拉斯本人在内的学校里的所有人，都相信人死之后会转世为别的动物，所以他们都不吃肉，也不穿用动物的毛皮制成的衣服。据说，还有像不吃豆子、不碰白色的公鸡那样匪夷所思的规定。

毕达哥拉斯和他的学生组成的学派被称为毕达哥拉斯学派。他们非常重视平等，财产也是平均分配使用；只要是毕达哥拉斯的学生，不论男女都可以参加聚会。在古希腊，人们认为女人的头脑没男人好使，所以女人不仅在数学领域，在其他各个领域也都没有学习的机会。但是，毕达哥拉斯学派接受女性为享有同等权利的学生，这在当时可以说是非常破格的一件事。

毕达哥拉斯学派成员非常爱数学，视数为神圣之物，相信自然界中所发生的一切事情都能用数来解释，甚至以"万物皆数"为座右铭。他们特别重视自然数 1、2、3、4，称它们为"四元素"。他们有多重视这些数呢？据说，当秘密宣誓的时候，他们会说"我以赋予了我们灵魂的四元素的名义发誓"。

他们赋予这四元素各具意义，即不仅分别代表各数字本身，还被视为：1 为所有的数的根本；2 表示女人和男人的意见不同；3 意味着女人和男人的想法一致；4 则代表拥有 4 个相同的角和 4 条相同的边的图形，即正方形，同时，4 也是象征平等和正义的数。

毕达哥拉斯学派不仅在学问研究方面提出见解，在包括两性平等在内的各种社会问题方面也提出见解，所以在当时他们的社会影响力非常大。

8. 相信数之神秘的毕达哥拉斯学派

　　除了四元素之外，毕达哥拉斯学派还喜欢一些独具特性的数。例如，他们知道 16 既是边长为 4 的正方形的面积，同时也是该正方形的周长；也找出了 18 是唯一一个能同时表示长为 6、宽为 3 的长方形的面积和周长的数。除此之外，他们还找到了各种数的神秘点，这些数包括亲和数、完全数、不足数、过剩数、形数等。

　　所谓亲和数，是指两个数彼此是对方真约数①之和。举个例子，220 和 284 就是一对亲和数。220 的真约数是 1、2、4、5、10、11、20、22、44、55、110，这些数之和是 284；而 284 的真约数是 1、2、4、71、142，这些数之和竟是 220。发现此规律之后的毕达哥拉斯学派学员，将这两个数做成小护身符随身携带。其理由是，他们相信拥有这种护身符的人之间友谊会长存。

　　由于寻找这样的亲和数非常困难，所以自毕达哥拉斯之后很久都没能再有发现。直到 1636 年，法国数学家费马（Fermat，1601—1665）终于发现了另一对亲和数：17296 和 18416。在那之后其他数

---

　　①　真约数是指除了数本身之外的约数的统称。例如 8 的约数是 1、2、4、8，从中去掉 8 本身，1、2、4 就是真约数。

学家也发现了很多亲和数。有趣的是，1866年，一个年仅16岁的意大利少年帕加尼尼（Paganini）也找到了一对亲和数：1184和1210。学者们都没有找到的亲和数居然由一个少年找到了，这在数学界引起了轰动。说不定至今仍有没被发现的亲和数，我们不妨也找一下吧。

像这样利用约数来揭示数的特质的例子还有完全数、不足数和过剩数。这些数是根据各自真约数之和的大小来区分的。如6的真约数是1、2、3，它们之和等于6本身，6就称为完全数。不足数是指真约数之和比其本身小的数，过剩数则是指真约数之和比其本身大的数。

截至1952年，人们共发现12个完全数，而且都是偶数。其中，最早被发现的三个数是6、28、496。对于是否有奇数的完全数，至今仍是个无人能证明的问题。

9. 用图形来表示数

　　毕达哥拉斯通过数出图形的点数来表示各种形数，并对此产生了极大的兴趣。他根据图形给形数命名。例如，3、6、10 是可以放置出三角形的点数，所以称为三角形数。

三角形数

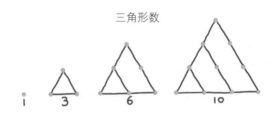

　　创造了三角形数之后，他就发现了一些形数的增加法则：1 和 3 之间增加了 2，3 和 6 之间增加了 3，6 和 10 之间是增加了 4，由此，接下来就会跟上增加了 5 的 15。除了三角形数，四角形数、五角形数也有它们一定的增加法则。我们看下面的四角形数和五角形数。

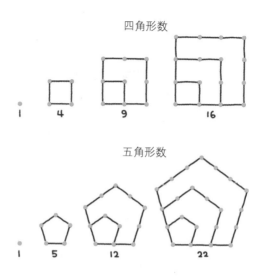

在这些数的法则中，毕达哥拉斯还证明了所有的正方形数可以用两个三角形数之和来表示，长方形数则是两个相同三角形数之和（如下图所示）。就这样，毕达哥拉斯对形数之间的各种关系进行了研究。

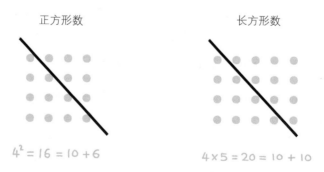

10. 用数学创作音乐

毕达哥拉斯在研究自然数时，也对分数进行了研究。他认为世间所有事物都可以用自然数或者两个自然数的比——分数来表示。如下图所示，他相信乐器发出的声音也能用数来表示。

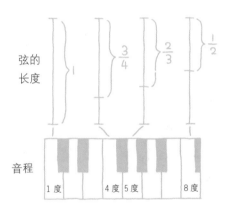

此外，毕达哥拉斯在研究竖琴等弦乐器的结构时发现，如果弦的长度按一定的比例减少，音调也会跟着发生变化。例如，将发"多"音的弦的长度减少$\frac{1}{2}$，就会变成一个高八度的"多"。毕达哥拉斯就是以这样的方法，用各种整数比来调整弦的长度，计算出了多、来、咪、发、索、拉、西 7 个音阶。

11. 守护无理数的秘密

　　如果非要说出毕达哥拉斯在数学上取得的最大成就是什么，那就应是证明了所有直角三角形二边的长度都有 $a^2 + b^2 = c^2$ 的关系，即毕达哥拉斯定理，也就是如今大家都知道的勾股定理。如数字 3、4、5 或者 8、15、17，分别与公式吻合，这样的三个数被称为"毕达哥拉斯的三个数"或"勾股数"。

　　通过这个定理，毕达哥拉斯进一步发现，存在一类用自然数或者自然数之比无法表示的数。比如，当直角三角形两条直角边长均为 1 时，根据公式则得出：$1^2 + 1^2 = c^2$，即 $c^2 = 2$。显然，存在这样一个数，它在自我相乘时，乘积为 2，但是，这样的数并不存在于自然数或者分数之中。像这样的不能用整数或分数的形式表示的数，被称为无理数。

　　虽然毕达哥拉斯学派利用勾股定理找到了无理数，但是这也粉碎了毕达哥拉斯认为世上所有事物都能用自然数或者自然数的比来表示的信仰。

　　于是，为了维护毕达哥拉斯学派的名誉，毕达哥拉斯努力地将无理数的秘密隐藏了起来。更严重的是，据说，当毕达哥拉斯的门徒希帕索斯（Hippasus，约生活于公元前 5 世纪）表示要将这个秘密告诉他人时，其他门徒将他推到水中杀害了。

　　毕达哥拉斯学派后来在政治斗争中落败，因为意大利南部的人感受到他们的威胁，最终摧毁了他们的建筑并瓦解了整个学派。毕达哥拉斯为躲避这些人而四处逃亡，但最终还是被杀害。毕达哥拉斯死亡后，他的门徒们也四散逃离，但他们在多个城市设立了新的学校。这些学校在之后的 200 多年间继续传授毕达哥拉斯的教诲。

第 **6** 章

古希腊数学 2

欧几里得的数学书，
为什么至今仍得到大家的认同？

　　前文说过，古希腊是由一些被称为城邦国家的小型城市组成的。这些城邦国家为了自身的利益时而合作，时而发生战争。在发生的战争中，最有名的是希腊城邦国与波斯之间发生的希波战争，还有希腊内部城邦国家之间相互较量的伯罗奔尼撒战争。

　　就如我国在近代遭受到帝国主义侵略，经济上和文化上都经历了很大的变化一样，古希腊也在遭受大的战争之后，有了很大的社会性变化。伟大的古希腊学者们为了研究学问，纷纷移居到稍微安全的地方，并在那里兴起新的学问。尽管战争中涌现出了许多英雄人物，但是这些学者的故事恐怕比战争中英雄人物的故事更为精彩，也比他们更伟大！

1. 所有数学家都前往雅典

公元前 6 世纪，在泰勒斯首次奠定了数学的基础之后，得益于相继登场的众多学者的进一步推动，古希腊数学得到蓬勃发展。在这一时期，强大的波斯帝国兴起。

波斯帝国一直利用奴隶来实现自身的经济发展，为了扩张领土和获取更多的奴隶而发动战争。公元前 545 年，古希腊的伊奥尼亚地区和一些城邦国家相继被波斯帝国占领，以致众多如毕达哥拉斯一样优秀的古希腊哲学家不得不离开家乡，前往意大利避难。

随着波斯帝国的统治者越来越残暴，伊奥尼亚地区爆发了起义。随后，通过民主政治取得很大发展的雅典城邦派遣军队前去支援伊奥尼亚地区。最终，波斯帝国镇压了起义，并且绝不原谅支持伊奥尼亚地区的雅典城邦。公元前 492 年，波斯帝国派遣大军入侵希腊本土。

人们称这场战争为"希波战争"。经过激烈的交战，古希腊人赢得了这场战争。战争后，雅典城邦发展成为更加富强的国家。并且，包括苏格拉底在内的优秀哲学家也开始聚集到了民主思想获得发展的雅典。

2. 伯罗奔尼撒战争和数学危机

　　希波战争后，古希腊以雅典城邦为中心迎来了和平时期。于是，毕达哥拉斯学派转移到了雅典，众多的学者也开始在这里教授数学。

　　但是，随着自己的势力越来越强大，雅典城邦对结盟的古希腊其他城邦国家越来越蛮横霸道，以致很多城邦国家不得不与雅典城邦断绝同盟关系。乘此机会，一直与雅典城邦有着竞争关系的斯巴达城邦说服了这些城邦国家共同缔结了伯罗奔尼撒联盟，并发动了与雅典城邦的战争。这场战争就是伯罗奔尼撒战争。

　　伯罗奔尼撒战争持续了将近 30 年，最终以军事实力非常强大的斯巴达城邦的胜利而结束。因此，雅典城邦及其同盟城邦国家都失去了国力，古希腊数学也因之一度没能得到发展。

3. 不懂几何者，禁止入内

在伯罗奔尼撒战争即将结束之际，雅典城邦虽然政治力量变弱了，但是文化在慢慢地复苏。这个时期登场的著名学者是柏拉图。柏拉图出生于雅典近郊，随后拜苏格拉底为师学习哲学知识，再后来遇到了曾是毕达哥拉斯学派门徒的蒂迈欧（Timaeus，生卒年不详），并向他学习毕达哥拉斯传授的数学。

公元前387年左右，柏拉图在雅典设立阿卡德米学园（又称柏拉图学园），开始系统性地研究哲学、科学和数学。他认为数学对精神训练有益，是哲学家或者国家领导者必须学的一门学科。他甚至在阿卡德米学园的入口处刻上"不懂几何者，禁止入内"的文字。正是在他的"通过数学既可以进行逻辑思考，也可以得到精神上的愉悦"思想的影响下，阿卡德米学园非常重视数学。

柏拉图还找到毕达哥拉斯，写了求证正多面体的相关文章。在《蒂迈欧篇》一书中，他介绍了5个正多面体，并展示了如何将三角形、四边形、五边形拼凑成立体。为此，人们又称正多面体为柏拉图多面体。

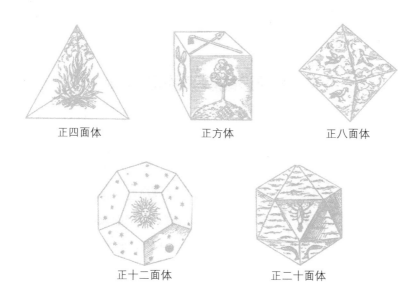

正四面体　　　　　　正方体　　　　　　正八面体

正十二面体　　　　　　正二十面体

柏拉图多面体

正多面体是指各个面是全等的正多边形、各个多面角都是全等的多面体。

4. 谁都没能解开的数学题

以柏拉图为首的古希腊学者很喜欢进行逻辑性的解题和讨论。在当时，有三道谁也解不开的经典几何绘图题。一些知名学者虽然为解开这三道题做了很多有挑战性的研究，但仍旧没能解开。这三道题就是，如何用没有刻度的直尺和圆规画出三种图形。

① 画出一个正方体，其体积是已知正方体的 2 倍。

② 将已知角三等分。

③ 画出一个与已知圆面积相等的正方形。

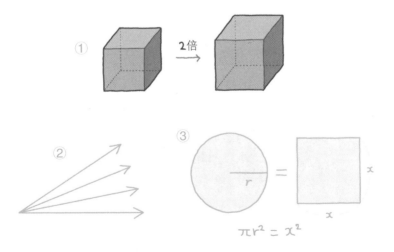

油画《雅典学派》中的古代数学家

1509—1511 年，拉斐尔开始创作油画《雅典学派》，该画呈现了以柏拉图为首的众多学者与哲学家，如毕达哥拉斯正在写书（左局部放大图），欧几里得在教授几何学时用圆规画图（右局部放大图）。

为了解这三道题，众多学者进行了研究，据说，柏拉图曾让阿卡德米学园的学生来解答。

这三道题在之后的两千年间一直被看成是解不开的题，直到 19 世纪才被证明，针对这三道题，仅靠尺规作图的方式是解不出来的。就这样，为了解难题而做出不断的努力，带来了数学的创新和发展。

在解这几道题的过程中，学者们发现了诸如圆锥曲线^①、三次曲线、四次曲线、超越曲线等众多数学上的新领域，并对之后数系的发展带来很大的影响。

大家如果在碰到难题时也努力尝试去解答，说不定也会闯入一个全新的数学领域。

---

① 如果将圆锥如右图所示进行切割，就会出现圆、椭圆、抛物线、双曲线等多种曲线。像这样，在不经过圆锥顶点的平面上产生的所有曲线都叫作圆锥曲线。

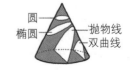

5. 对亚历山大城的建设

在伯罗奔尼撒战争之后，古希腊的城邦国家之间失去了相互信任，在政治上也不再进行合作，古希腊同盟逐渐衰退。公元前 338 年，古希腊各城邦被北边刚成长起来的马其顿王国一一征服。

古希腊城邦逐渐没落后，其北边的马其顿王国的亚历山大（Alexander，前 356—前 323）接替腓力二世（Philip Ⅱ of Macedon，前 382—前 336）成为国王。亚历山大建立了不仅控制雅典，还控制整个古希腊和古埃及的大帝国。他还在尼罗河流域建立了一个以自己的名字命名的城市，即亚历山大城。这座城市的总体设计由亚历山大亲自制定，并由杰出的建筑师狄诺克莱特斯建造完成。亚历

镶嵌壁画《伊苏之战》中的亚历山大

该画出土于意大利庞贝古城，绘制了亚历山大与敌人交战的场面。

山大城位于重要的贸易通道上，在短期内就发展成了大城市。

亚历山大包容其他民族的宗教和习俗，认为这对统治多民族的大帝国是必需的。同时，他还接受了波斯的文化，形成了一种融合各种文化的新文化。

亚历山大融合被征服的美索不达米亚、古埃及和古希腊文化，形成一种被称为希腊化的文化。希腊化文化从诞生到埃及托勒密王朝遭受罗马共和国侵略而灭亡的公元前 30 年为止，存世接近 300 年，这个时期被称作希腊化时代。

亚历山大死后，托勒密一世（Ptolemaios Ⅰ，前 367—前 282）在亚历山大城建立了亚历山大图书馆，召集了众多学者，促进了当时的文化发展。亚历山大图书馆在古代图书馆中规模最大，它汇集了欧洲、北非、西南亚和印度等世界各地庞大的研究成果，在 3 世纪左右被大火烧毁之前一直扮演着古希腊文化中心的角色。

发现于萨莫色雷斯岛的胜利女神尼姬像
这是希腊化时代最有代表性的雕塑。虽然女神像头部有缺失，但是我们仍能感受到她向着天空展翅欲飞的神态。

6. 完善了几何学的欧几里得

著名数学家欧几里得于公元前 300 年前后在亚历山大城从事教学活动。下面这段有名的逸事发生于他在此教学期间。

> 有一天，一个学生问他："老师，学习几何知识能获得什么好处呢？"欧几里得思索了一下，随即叫来仆人说道："你给这个学生三枚钱币，并把他请出去，因为他居然想在学习中获取实利。"

这个故事告诉人们，做学问并不是为了获取物质利益，而是为了提升精神修为。

欧几里得留给后人的书籍超过 10 部，其中最有名的是《几何原本》（又称《原本》）。该书集前人思想和欧几里得个人创造于一体，把人们公认的一些事实列成定义和公理，一问世就受到了数学界的瞩目。

从 1482 年第一个印刷本问世到今天，《几何原本》一直被评价为最好的几何学教科书。该书中的知识，不仅在欧几里得生活的时代，在今时今日我们的数学中还一直被运用。我们在小学、初中、高中所学到的几何知识，大部分都是以此书为基础的。

　　遗憾的是，欧几里得的原稿并没能保留下来。现在流传下来的较早版本，是公元 4 世纪末古罗马数学家塞翁（Theon，生卒年不详）和他的女儿希帕蒂娅（Hypatia，约 370—415）校订出版的。而《几何原本》的出版，距离欧几里得去世已经过去了 700 年。好在各种研究结果证实，这次出版的《几何原本》与原稿内容高度一致。

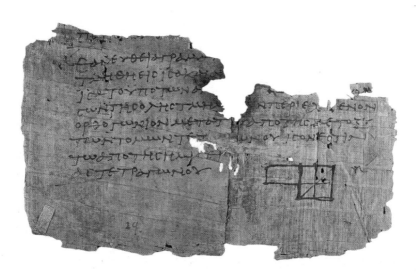

《几何原本》内页

《几何原本》在希腊化时代就已经是重要的教材，一直到今天，其内容仍包含在数学教材中。

7. 最佳数学教科书——《几何原本》

　　《几何原本》是由定义、公设、公理、定理、推论所组成的几何学逻辑体系，全书共分 13 卷，每卷都有命题①和对应的证明过程。另外，每个命题都包含在多个假设下得出的结论和各种数学法则。

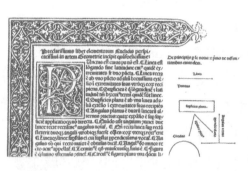

威尼斯出版的第一版《几何原本》内页（上图）和最早的《几何原本》英文翻译本封面（右图）《几何原本》与《圣经》一起被称为历史最悠久的畅销书，自 1482 年第一个印刷本问世以来，一直被评价为最好的几何学教科书。

---

① 命题，指能判断真伪的句子。

《几何原本》及其包含的开创性逻辑证明体系对数学发展做出了巨大的贡献。

《几何原本》中所谓的定义，是指数学家之间的约定。就像"点是没有部分的"（定义1）、"线只有长度没有宽度"（定义2）、"线段的两端是点"（定义3）等这样的定义，必须事先约定好再使用，才能解决问题。

以这样的内容为基础，第1卷讲述三角形的全等、只使用尺规作图的方法、勾股定理等内容；第2卷讲述用几何学来证明各种代数公式；第3卷和第4卷讲述与圆相关的内容；第5卷讲述与比例相关的内容；第6卷讲述平面图形的相似原理；第7—10卷讲述约数、数列、奇数和偶数、完全数等与数论相关的内容；第11—13卷讲述各种立体图形及正多面体的性质。这些内容，完全由欧几里得本人新发现的几乎没有，有可能是欧几里得把在学校里使用过的数学教科书全部汇集整理出来的。

欧几里得当然知道数学对解决诸如建筑或生意之类实用问题非常有用，但是他更愿意相信数学的价值在于提高人类的思考能力。他认为学习数学可以让人的思考更符合逻辑，让理解抽象的概念也变得容易起来。是不是就因为这样深入透彻地研究数学，他才编制出了至今都在使用的数学巨著呢？

8. 重视比例的古希腊美术

　　包括苏格拉底在内，柏拉图、亚里士多德等古希腊学者都认为美丽就是比例、秩序与和谐，所以古希腊的艺术品都是经过逻辑性的计算，再以优美的比例呈现出来的。另外，古希腊人在能够科学地解释自然现象后，创造出了与其他古代国家不一样的非常具有人性化的神。以神为素材的绘画或者雕刻所反映的内容，也与人们的实际生活情形相似，具有写实的特点。

　　古希腊具有代表性的雕塑家波利克里托斯（Polykleitos，生活于公元前 5 世纪后半期）认为，头部与身高的比例为 1∶7 的人体是最美的。他将此称为 "canon"，canon 的意思为 "基准" 或 "规范"。在长达 100 多年间，这个基准成为古希腊雕塑家必须遵守的法则。美术也用数学比例来计算，充分体现了古希腊人具有逻辑性思维。

　　此后，一位名叫利西波斯（Lysippus，生活于公元前 4 世纪）的雕刻家，在观察了协调性和比例之后，领悟了黄金比例，将人体比例基准调整为 1∶8。参考黄金比例，人们也开始认为头部与身高的比例为 1∶8 的人体是最美的。现在我们所说的 "八等身美人"，指的就是古希腊雕塑家在雕塑人体时使用的比例。

　　在前文介绍的古埃及金字塔中，我们已经谈过人们觉得最具美感的黄金比例。在古希腊，人们则将黄金比例正式应用于作品中。以梵蒂冈博物馆里著名的《贝尔维德尔的阿波罗》雕像为例（如下图），其上半身与下半身，头部、肩膀分别到腰的长度构成黄金比例。那时的人认为，具备这种比例的身材是理想的身材。

《贝尔维德尔的阿波罗》雕像

以肚脐为基准划分的上半身与下半身的比，构成黄金比例。而且，上半身以肩膀为基准，分成的上下部长度比，以及下半身以膝盖为基准分成的下部与上部的长度比，都构成黄金比例。

9. 按黄金比例建造的帕特农神庙

　　雅典卫城的帕特农神庙，人们在建造时也使用了黄金比例。帕特农神庙是古希腊人为庆祝希波战争胜利而建造的，庙内供奉的雅典娜既是神中之神宙斯的女儿，也是雅典城邦的守护神。该神庙并不是祈祷的地方，而是让神暂时停留的地方。

　　帕特农神庙在古希腊建筑中是最美丽、最雄壮的，不仅庙内雕像作品的美术价值闻名于世，而且神庙本身就以其美丽的比例而闻名于世。

　　如前文所述，所谓的黄金比例，指的是人们感觉结构最美丽的比例。黄金比例的比值约为 0.618，其精确数值可以通过 $\frac{\sqrt{5}-1}{2}$ 计算出来。该表达式中的 $\sqrt{5}$，是设计帕特农神庙时，用于决定所有比例的值。不仅如此，帕特农神庙的宽和高也构成了黄金比例，是以具有黄金比例的长方形为基础设计的。

帕特农神庙

于公元前 5 世纪左右在雅典卫城的山冈上建造，是古希腊最耀眼的建筑。

$$\frac{AD}{AB} = \sqrt{5}, \quad \frac{AC}{CE} = \frac{\sqrt{5}-1}{2} \text{（黄金比例 } \varPhi \text{ 的值）}$$

10. 古希腊的男人都不穿衣服吗？

观察古希腊时期的雕像，我们不难发现，大部分雕像中的男人都没穿衣服。这样做，一来是为了展现身体肌肉或骨骼的真实状态，二来是因为古希腊人觉得男性比女性强壮，是这个世界的标杆——他们的这种认知已经根深蒂固。因此，他们雕刻了展示比例和对称的赤裸的身体。

米隆《掷铁饼者》（局部）

掷铁饼是古代奥运会上人气最高的项目。米隆很好地展现了男性健壮的肌肉和动感的身姿。

古希腊的男人们在平时都是穿着衣服的，不过，也有不穿衣服的时候。这个时候就是奥林匹克运动会开幕的那天。首届古代奥林匹克运动会于公元前 776 年在奥林匹亚举行，当时女人既不能参加比赛，也不能观看比赛。据说，当时一名女子非常想参加比赛，就冒着生命危险乔装成男人偷偷参加，结果被发现了。从此，为防止女人进入比赛场地，举办者要求所有参加奥运会的选手和教练在比赛现场都赤裸着身体。

第 7 章

古希腊数学 3

阿基米德是如何求解
体积的呢?

古希腊不论是在文化上还是在数学上都有很大的发展。像毕达哥拉斯和欧几里得这样伟大的数学家也纷纷登场。因而，有关古希腊伟大的数学家的话题还远没有结束。

我们知道，世界公认的三大著名数学家分别是：阿基米德（Archimedes，前287—前212）、牛顿（Isaac Newton，1643—1727）和高斯（Friedrich Gauss，1777—1855），他们都对数学的发展做出了巨大的贡献。接下来，我们就了解一下这三大数学家之一的阿基米德。

阿基米德诞生于叙拉古——位于西西里岛的古希腊城邦，他在数学方面取得的成就，甚至一度超越了毕达哥拉斯和欧几里得。

1. 天才发明家阿基米德

亚历山大城曾在近 300 年间都没有发生大的动乱或战争，一度成为学者们的安身之地。公元前 146 年左右，古希腊被罗马共和国征服，在此之前的亚历山大城内，各种学问和知识都在不断发展。

阿基米德于公元前 267 年来到亚历山大城，跟随许多数学家学习。他喜欢运用数学知识解决日常生活中遇到的问题，也喜欢探索新的数学知识。

阿基米德最先是因发明而声名远扬的。他的第一件发明是一种让农民可以轻松地向田地灌水的抽水机。如下页图所示，转动手柄，带动螺旋状的金属轴旋转，就可使下端的水沿着水管上升，最终将水抽到田地里。

阿基米德还发现了杠杆和滑轮原理。杠杆和滑轮是迄今为止都在使用的工具。虽然在阿基米德之前人们就已经在使用杠杆和滑轮，但阿基米德是第一个通过数学知识来理解杠杆和滑轮原理的学者。

他认为，只要利用杠杆和滑轮的原理，无论多重的物体都可以被搬动。他曾经说道："给我一个支点，我就能撬起地球。"

他还利用杠杆和滑轮的原理，发明了将沉重的石块抛向敌人船只的抛石机。

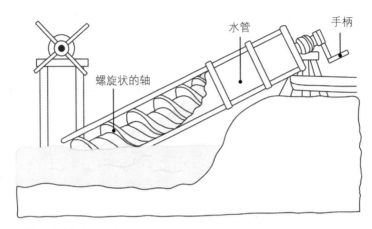

阿基米德式螺旋抽水机

在水管里装上螺旋状的轴，然后将这段水管倾斜放入水中，旋转手柄，下端的水就沿着水管上升。

另外，还流传着这样的佳话。他动员妇女和儿童利用各种镜子反射阳光，聚焦到敌人的船帆上，最终点燃了敌人的船帆，成功赶跑了敌人。

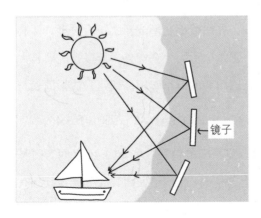

阿基米德的镜子

利用巨大的镜子反射阳光，并准确地聚焦于远处船帆上的某一点，就能将船帆点燃。

2. 计算出圆周率、面积和体积近似值的阿基米德

阿基米德首次用数学割圆法计算出了圆周率（π）的值。

在阿基米德之前的古代，人们就开始使用圆周率，也知道圆的周长和其直径之间存在恒定的比值，但是不知道为什么会出现恒定的比值，也不知道其确切的值是多少。

阿基米德为了估算圆周率，如下页图所示，首先画了一个半径为 1 的圆，在圆上按相同间距标上 6 个点，再连接这 6 个点就画出一个正六边形，即圆内接正六边形。显然，这个正六边形因为在圆内，所以它的周长小于圆的周长。我们知道，圆周率为圆的周长与直径的比值。这也就表明，圆周率的值大于圆内接正六边形周长与圆的直径的比值 [（1×6）÷（2×1）=3]，即大于 3。接着，他分别过这 6 个点画圆的外切线，外切线相交形成新的正六边形，即圆外切正六边形。显然，这个正六边形因为在圆外，所以它的周长大于圆的周长。这也就表明，圆周率的值小于圆外切正六边形周长与圆的直径的比值 [（$\frac{2\sqrt{3}}{3}$×6）÷（2×1）≈3.46]，即小于 3.46。

经过这样的计算可知，圆周率的值在 3.00 和 3.46 之间。阿基米德用同样的方法，在圆上分别画出正十二边形、正二十四边形、

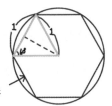 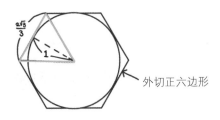

外切正六边形

内接正六边形

内接正六边形周长

$= 1 \times 6 = 6$

外切正六边形周长

$= \frac{2\sqrt{3}}{3} \times 6 \approx 6.9$

正四十八边形和正九十六边形，再分别将内接和外切的正多边形周长差逐渐缩小。最终他得出圆周率的值在 $3\frac{10}{71}$（≈ 3.1408）和 $3\frac{10}{70}$（≈ 3.1429）之间。

阿基米德在他的著作《圆的度量》里，证明了圆周率的值为 3.1416，这在古希腊当时流传的圆周率中是最准确的数值。《圆的度量》这部著作随后被译成了各种语言。

阿基米德还研究了求解曲线图形面积的方法。这个方法就是，将曲线图形分为宽度相同的条块，再将各个条块的面积相加就估算出整体的面积。如下图所示，我们可以知道，如果条块分得越细，得出的值就与实际的值越接近。

同样，为了求出球的体积，阿基米德还将球分割成大小相同、纸张一样的薄片，然后将这些薄片都拼凑起来做成一个大圆盘的样子。通过这样的方法他得出求解球的体积公式是：$\frac{4}{3}$ × 圆周率 × 半径 × 半径 × 半径。

另外，在得出球的体积公式时，阿基米德还做了这样的实验：将球放入一个与球相切的圆柱体内，盖上盖子，球的上下和侧面都正好与圆柱体的盖子和侧面相切。通过这个实验，他得出球的体积是圆柱体体积的 $\frac{2}{3}$。他还发现，球的表面积是以球的半径为半径的圆的面积的 4 倍，所以，球的表面积计算公式就是：4 × 圆周率 × 半径 × 半径。

球的体积 = $\frac{4}{3}\pi r^3$

球的表面积 = $4\pi r^2$

阿基米德对自己的发现非常自豪，据说，他曾嘱咐别人，他死后，一定要在他的墓碑上刻"圆柱容球"的几何图形，以及"$\frac{2}{3}$"这个分数。

3. 赤裸的科学家

有一天，国王召见阿基米德，拿出一顶要献给神的金冠，让阿基米德检测这顶金冠是否由纯金制成。事前，国王已经派人称过该金冠的重量，其重量和国王交给工匠的纯金重量是一样的。尽管如此，国王仍然怀疑工匠在金冠中掺入了部分等重量的其他金属。当然，现在他也不能通过毁坏金冠的方法进行检测。

阿基米德接到命令后反复琢磨，但一时之间怎么也想不出办法来。其后的一天，他在家里洗澡，当坐进澡盆看到水往外溢时，他突然醒悟过来，连衣服也不穿，立马跳出澡盆往外跑。他因自己的新发现而非常兴奋，边跑边大声地喊着"尤里卡"（意思是"找到了"）。

随后，阿基米德来到王宫，首先把金冠放入装着水的盆里，测量出水位上升的高度；接着将与金冠同等重量的纯金放入同一盆水中，测量出水位上升的高度；结果发现，两者的水位高度不同。于是，他向国王表示，金冠不是纯金制成的。这是因为金冠和纯金的重量虽然相同，但是由于被掺入的其他金属和黄金的密度不同，所以它们的体积不同。他利用浮力原理非常巧妙地解答了国王给出的难题。

4. 要填满宇宙，需要多少粒沙子呢？

阿基米德对天文学也有很大的兴趣，并对星体和宇宙的运动进行了研究。

有一天，一位数学家说："世界上没有那么大的数可以表示海边所有沙子的数量。"阿基米德为了证明这句话是错误的，大致估算出了填满宇宙所需的沙子数量。他首先计算一颗植物种子对应多少粒沙子，再计算一只手对应多少颗种子，接着计算要填满一个大型运动场需要多少只手。用这样的方法，他不断计算为填满渐渐变大的物体而需要的某个东西的数量，并对用这样的方法找到的数量命名，再用符号表示出来。

在阿基米德生活的古希腊时期，能表示出来的最大数值是 1 万。在"古埃及数学 1"那一章里，我们已经知道古埃及没有比 1,000,000 更大的数字。在当时的实际生活中，人们并不需要使用很大的数字，所以一直没创造出很大的数字来。

最终，阿基米德得出的结论是：填满整个宇宙，需要沙子 8×10^{63} 粒。他用来表示这个数的方式也成为科学计数法的基础。所谓科学计数法是指，把一个数表示成"一个绝对值大于或等于 1 且小于 10 的数与 10 的多次幂相乘"的形式，如 10×10 表示为 1×10^2。当涉及非常大的天文数字时，用指数来表示的科学计数法尤为方便。

　　公元前 212 年，罗马共和国军队闯进了阿基米德的家园。据说，当时阿基米德正埋头在沙地上画几何图形解题，当一个罗马士兵出现在他面前时，他对士兵喊道："不要踩坏了我的圆。"谁知那士兵听了勃然大怒，毫不留情地用长矛刺死了他。阿基米德，一代杰出的数学家兼科学家，就这样结束了伟大的一生。

5. 埃拉托色尼筛选法

埃拉托色尼（Eratosthenes，约前 276—约前 194）在亚历山大城做过研究，也担任过亚历山大大学的图书馆馆长。他在自己所涉及的领域都发挥了杰出才能，不仅在数学、天文学、地理学、历史学、哲学上有很深的造诣，作为诗人和活动家也声名远播。

埃拉托色尼想出了寻找自然数中只有 1 和自身两个因数的质数的方法，并称其为埃拉托色尼筛选法。所谓筛选，就是将数字像筛子一样筛出来。

2 3 4 5 6 7 8 9 10 11
12 13 14 15 16 17 18 19 20 21
22 23 24 25 26 27 28 29 30 31

埃拉托色尼筛选法

埃拉托色尼筛选法的方法如下：

（1）删去数 1；

（2）选取数列中最小数 2，然后删去 2 的倍数；

（3）选取数列中最小数 3，然后删去 3 的倍数；

（4）选取数列中最小数 5，然后删去 5 的倍数；

（5）选取数列中最小数 7，然后删去 7 的倍数；

（6）如上所述，用这样的方法一直筛选到最后，留下没有被删去的数，这些数就是质数。

6. 计算出地球周长的埃拉托色尼

直到距今 500 多年前，通过哥伦布和麦哲伦的航海才得到证实的一个事实是：地球是球形的。然而，生活在公元前 200 年左右的埃拉托色尼仅凭数学计算就发现地球是圆的，并计算出了地球周长。

埃拉托色尼了解到这样的事实：到了夏至（公历 6 月 21 日前后）那天，太阳位于埃及赛伊尼（Syene，如今的阿斯旺）的一口井的正上方；在同一时间，离赛伊尼 800 千米的亚历山大城，阳光以 7.2° 角倾斜。

埃拉托色尼画出这两个地方的阳光角度，赛伊尼的井与太阳呈直角的时候，亚历山大城的阳光是呈 7.2° 角倾斜的。

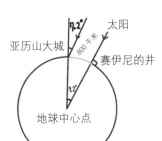

地球周长：800 千米＝ 360° ：7.2°

地球周长＝ $\frac{360°}{7.2°}$ ×800 千米＝ 40,000 千米

于是，如果以地球中心点为圆心，则可以计算出亚历山大城和赛伊尼的井的圆心角为 7.2°。这个圆心角对应的地面距离（弧长）为 800 千米，而圆心角为 360° 时对应的地面距离（弧长）就是地球的周长。利用"弧长与圆心角的度数成正比"[①]（这是通过理论计算得出的结论），他得出了地球周长为 40,000 千米。现在，人们利用尖端科学技术测量的地球周长为 40,076 千米，与埃拉托色尼的计算结果相差并不大。

遗憾的是，取得如此优秀研究成果的埃拉托色尼，在晚年因眼疾而双目失明，他无法忍受不能读书之苦，竟选择了绝食而亡。

———————————

① 圆内两条半径的夹角称为圆心角，圆心角两侧的半径与圆弧接触的两点间的长度称为弧长。圆心角越大，弧长越长。

7. 万物博士希罗

　　希罗（Heron，约 5—约 85）也是活跃于亚历山大城的学者。比起研究实际生活所需的数学，当时的古希腊学者们更加热衷于进行逻辑性的思考和证明。与之相反，希罗更加重视实际生活中的数学。为此，人们怀疑他不是古希腊人，而是古埃及或者巴比伦出身的数学家。

　　希罗几乎研究了数学和科学的所有领域，留下了很多著作，被称为万物博士。他还留下了很多非常有趣的发明，如他在著作《气体力学》中就介绍了上百种实物发明。

　　希罗发明了世界上第一台蒸汽机——汽转球。这个装置利用水烧开后从两侧喷出的水蒸气来带动中间的球快速旋转。这种工作原理后来也被用在蒸汽汽车和蒸汽船上。

　　另外，希罗还发明了利用风力来演奏的风琴，其工作原理与利用风力转动风车从而获得能源的风力发电机相同。

　　如此有趣的发明家还制作了世界上第一台自动售货机。只要在上端的投币口投入硬币，硬币的重量就会使阀门打开，然后就会流出一定量的圣水。当硬币掉落到下面的时候，所有的装置都回到原位，阀门也重新闭合。

世界上第一个自动门也是希罗的作品。当牧师在祭坛上点火后，与祭坛相连的密封金属球体内的水会被加热，然后蒸汽会推动热水通过管子流进铁桶里。当铁桶里的水达到一定重量时，就会带动滑轮组将门打开。

如果去科学博物馆或者游乐园，我们随时都能看到喷泉，还有分别使人或者物体看起来变胖、变形的哈哈镜，它们也都是希罗的作品。希罗还写了一本叫《反射光学》的书，在书中，他清楚地论述了镜子的反射理论和这些理论的应用。如今，这些研究成果几乎只是用在游乐园，希罗如若泉下有知估计会伤心的。

8. 希罗公式

万物博士希罗也是一位伟大的数学家。如今我们学到的数学知识中有很多出自希罗的理论。看下图中的长方形，其面积是多少呢？

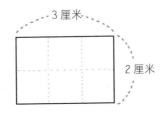

非常简单，答案是 6 平方厘米。但是，当有人问"为什么是 6 平方厘米"时，我们该怎么回答呢？按照在教科书上学到的知识，我们大概会这样回答：因为这个长方形中"1 厘米 × 1 厘米"的单位面积有 6 个。其实，在求面积时，像我们回答的用小的基本单位的数量来表示整体的方法就是希罗研究出来的。

再来看看稍微难点儿的内容吧。在希罗之前就已经有了计算三角形面积的公式，只是这些公式都是希罗正式记录在书中的，所以，人们称它们为"希罗公式"。如下页图所示，请求出直角三角形的面积。

根据三角形面积公式"底 × 高 ÷ 2"，很快就能得出结果为 3 平方厘米。但是，如果是如下图所示的一般三角形，不知道它的高，那么，该怎么计算它的面积呢？

希罗得出了求这样的三角形面积的公式。首先，把三角形各边分别用 a、b、c 来表示。这时，将"$(a + b + c) ÷ 2$"得出的值用 p 来表示，其面积就是 $\sqrt{p \times (p-a)(p-b)(p-c)}$。

当正数 x 的平方是 m 时，x 就等于 $\sqrt{m}$（称为 m 的平方根）。把一个数相乘两次叫作平方，当问到 3 是什么数字的平方时，答案就写为 $\sqrt{3}$。同样的道理，$\sqrt{9} = 3$，即表明 9 是 3×3 的结果。

由此，上面三角形的面积就可计算出来。首先计算出：$(4 + 3 + 3) ÷ 2 = 5$；然后将该结果和三边长分别代入公式：

$$\sqrt{5 \times (5-4) \times (5-3) \times (5-3)} = \sqrt{5 \times 1 \times 2 \times 2} = \sqrt{20} = 2\sqrt{5}$$

即三角形的面积是 $2\sqrt{5}$。

9. 创造数学符号的丢番图

在希罗公式里，一开始把"$(a + b + c) \div 2$"得出的值以 p 来表示，然后代入公式 $\sqrt{p \times (p-a)(p-b)(p-c)}$ 中计算。如果不使用 p 这个符号将公式表达出来，又会是什么样的情形呢？这样一来，公式就变成：

$$\sqrt{\frac{a+b+c}{2} \times (\frac{a+b+c}{2} - a) \times (\frac{a+b+c}{2} - b) \times (\frac{a+b+c}{2} - c)}$$

只是看着，我们就觉得该公式复杂，如果没有括号，应该会更复杂。

丢番图（Diophantus，约 246—约 330）之前的数学家没能创造出适当的数学符号，当时的代数式都是用文字来记录解答的。丢番图创造了各种符号，可以将公式简单地表达出来。如把 3 相乘 3 次（$3 \times 3 \times 3$），用 3^3 来表示。就是使用这样的方式，他创造并使用了同数连续自我相乘的简写表示方式。在古希腊，数字也是用希腊语表示的，因而这些简写方式与我们现在的形式也有所不同。

不过，当时的希腊人对丢番图创造的符号并不认同。直到 16 世纪，他创造的符号被翻译成拉丁文，才对现在我们使用的诸如"$-$""$=$"之类的符号发展起了很大的作用。

丢番图编写了《算术》一书，原书共有 13 卷，但仅有 6 卷流传至今。据说，后来的费马就是从此书提到的"将给定的平方数分成两个平方数之和"中得到灵感，提出了费马大定理。

《算术》的扉页

《算术》是丢番图在亚历山大城期间，汇集新老数学问题编写的书。此书原有 13 卷，但是流传下来的只有 6 卷。

10. 刻在墓碑上的数学题

人们只知道丢番图曾在亚历山大城做研究，对于他是何时出生的，又是何时在何地去世的都知之甚少。但是有一点，就是他的年龄我们能确知。这主要得益于他将自己不同时期的年龄用数学的形式表述了出来，并刻在了墓碑上——真不愧是数学家！

下面就是刻在他的墓碑上的内容，据此，我们一起猜猜丢番图的年龄吧。

丢番图，人生的六分之一是幼儿和少年；又过了人生的十二分之一，两颊长胡子；再过人生的七分之一，结婚了；5 年后生了孩子，这个孩子在世时间仅为父亲人生的一半，离世比父亲早 4 年。

如果把丢番图的年龄用□表示，就可列出以下公式：

$$\frac{1}{6} \times \square + \frac{1}{12} \times \square + \frac{1}{7} \times \square + 5 + \frac{1}{2} \times \square + 4 = \square$$

虽然看上去有点复杂，但是只要冷静地计算一下就能得出，丢番图活了 84 岁。

11. 世界上第一位女数学家——希帕蒂娅

　　希帕蒂娅既是数学家，又是哲学家。在那个奴隶和女性都彻底受到歧视的时代，身为女性的希帕蒂娅依然成为优秀的数学老师和科学家，并取得了很多研究成果。

　　希帕蒂娅小的时候，她的母亲就去世了，她能够成为一名出色的学者，父亲塞翁给了她很大的影响。父亲在亚历山大图书馆工作，曾是教师兼学者。他不仅独自将女儿养大，还教她识字、写作方法、数学和科学等内容，同时让她参加游泳、骑马等锻炼身体的活动。

　　希帕蒂娅在亚历山大城与父亲一起从事修正数学教科书和添加新数学理论等工作。像这样修正好的书，在当时叫作注释书；像希帕蒂

《雅典学派》中的希帕蒂娅

画中身穿白衣凝视前方的就是希帕蒂娅，她是此画作上 54 名学者中唯一的女性。

娅这样修订图书的人，叫作注释家。在希帕蒂娅注释的书中，最有名的是欧几里得的《几何原本》，为了让学生们更容易理解书中的内容，她添加了很多详细的解释。该注释书的内容非常出色，以至于之后的数千年间都被用作学生们的教科书。此外，她对丢番图的书籍也进行过修正。

学识广博的希帕蒂娅还帮助穷人向政府传达他们的立场，对所有的人都很亲切，因此赢得了众人的尊敬。但是在 5 世纪中期，亚历山大城的社会风气发生巨大变化。其中之一就是不再有重视学问的风气。政治家们只顾着维持权力，他们对希帕蒂娅与知识分子举行集会、为穷人出头的行为感到不满。

结果，基督教主教批判希帕蒂娅，说她通过数学、科学和哲学蛊惑人心。之后的某一天，希帕蒂娅在去大学的路上被基督徒残忍地杀害了。虽然暴动很快就平息了，但是杀害希帕蒂娅的教徒并没有受到惩罚。

随着希帕蒂娅遇害离世，很多学者选择离开亚历山大城，移居到雅典或者另外的城市。此后，愤怒的基督徒冲进了大学，摧毁了图书馆，将大量的书籍焚毁殆尽。亚历山大城就这样渐渐失去了作为文化中心的地位。

12. 古希腊数学的终结

公元前 146 年，古希腊开始受到罗马共和国的支配，公元前 27 年，又被罗马帝国吞并了。

利用奴隶，通过农业实现经济发展的罗马帝国虽然给古希腊人民带来了苛重的赋税，但是并没有干涉古希腊人的社会生活。所以古希腊的学问在某种程度上得以保留下来，同时基督教也以穷人为中心快速地传播开来。

但是随着奴隶市场的衰退，罗马帝国的经济开始恶化，与此同时，科学和数学的水平也变得落后了。在这样的社会氛围中，亚历山大城的学者们再也没能展开创造性的研究。

7 世纪时，信仰基督教的民族和信仰其他宗教的民族之间爆发了战争。 641 年，亚历山大城落入阿拉伯人手中。阿拉伯人肆意破坏和焚毁了亚历山大城里的器物和书籍等基督徒的遗产，曾经辉煌一时的古希腊数学令人伤心地降下了历史帷幕。